生产经营单位全员安全培训系列教材

冶金企业安全知识读本

《生产经营单位全员安全培训系列教材》编委会

主　编：刘世通

审　订：刘　博

U0248336

气象出版社
China Meteorological Press

内容提要

本书为提高冶金企业从业人员的安全素质和能力、保障冶金企业的安全生产、预防各类安全生产事故而作。内容主要包括冶金企业安全生产法律法规、通用安全生产基础知识、冶金安全生产技术、职业病及职业危害预防、现场紧急救护与紧急处置基本知识、典型事故案例分析等内容。本书可供冶金企业从业人员安全培训使用，也可供安全生产管理人员工作参考。

图书在版编目(CIP)数据

冶金企业安全知识读本/刘世通主编.—北京:气象出版社，2013.6

生产经营单位全员安全培训系列教材

ISBN 978-7-5029-5734-6

Ⅰ.①冶…　Ⅱ.①刘…　Ⅲ.①冶金工业-工业企业管理-安全生产-安全培训-教材　Ⅳ.①X931

中国版本图书馆 CIP 数据核字(2013)第 131605 号

出版发行：气象出版社

地　　址：北京市海淀区中关村南大街 46 号	**邮政编码：**100081
总 编 室：010-68407112	**发 行 部：**010-68407948　68406961
网　　址：http://www.cmp.cma.gov.cn	**E-mail：**qxcbs@cma.gov.cn
策　　划：彭淑凡	**责任编辑：**彭淑凡
终　　审：章澄昌	**责任技编：**吴庭芳
封面设计：燕　彤	
印　　刷：北京京科印刷有限公司	
开　　本：850 mm×1168 mm　1/32	**印　　张：**7
字　　数：182 千字	
版　　次：2013 年 7 月第 1 版	**印　　次：**2013 年 7 月第 1 次印刷
定　　价：15.00 元	

本书如存在文字不清、漏印以及缺页、倒页、脱页等，请与本社发行部联系调换。

前　言

　　人世间，生命是第一宝贵的。从曾经发生过的血的教训中，我们不难发现：事故大多数时候，都是因为操作者自我保护意识不强、忽视对作业环境的检查、盲目违章操作造成的。预防事故和意外灾害的发生是技术问题，是管理问题，是认识问题，归根结底是人的问题。

　　"安全第一，预防为主，综合治理"是我国现行的安全生产基本方针。这一方针反映了党和政府对安全生产规律的新认识，对于指导安全生产工作有着十分重要的意义。冶金企业负责人和安全生产管理人员需认真学习、深刻领会安全生产方针的含义，并在本职工作中自觉遵守和执行，牢固树立安全生产意识。

　　为了加强冶金企业安全生产管理工作，保护全体员工的生命安全和身体健康，实现安全生产与文明生产，我们应该采取多种形式，大力宣传和普及安全文化知识，强化安全意识，提高安全素质，培养安全技能，积极营造一个和谐的安全生产环境，促进安全生产实现有序可控，基本稳定。

　　安全文化是企业个人和群体对安全的态度、能力和行为方式的综合产物。它包含三点要素：第一，安全是超越一切之上的，安全在任何时候都要有绝对的优先权；第二，安全意识态度、行为特征或对行为的规范，这是安全文化中的一个重点；第三，个人的安全素质和企业整体的文化素质的组合。安全文化把服从管理的"要我安全"变成自主管理的"我要安全"，从而提升安全工作的境界。

　　编者在编写本套丛书的过程中，以国家安全生产、劳动保护的方针、政策、法律法规为依据，以安全科学技术和安全管理理论为指导，既面向 21 世纪我国冶金安全生产、劳动保护工作的发展趋势，又紧密结合当前企业安全生产工作的实际；既总结了近年来冶金安全生产、劳动保护工作的成熟经验，又介绍了与国外发达国家的先进安全生产管理接轨的企业管理知识与技术；既考虑了冶金企业职工的应知应会的基本需要，又照顾到了冶金企业领导干部及安技人员扩大知识面的需求。

本书《冶金企业安全知识读本》共分为六章，分别介绍了冶金行业相关的安全生产法律法规、通用安全生产基础知识、冶金行业安全生产技术、职业病及职业危害预防、现场紧急救护与紧急处置基本知识、典型事故案例及分析。本书汇集冶金企业安全文化知识，面向生产一线，面向现场员工，对于宣传普及安全文化知识、促进安全生产将会起到积极的作用，真正做到人人关心安全，事事关心安全，时时关心安全，处处关心安全，为冶金企业的整体快速发展奠定基础。

本书由刘世通主编，刘博审订，参与本书编写的人员有王长嶺、杨云鹏等人。本书在编写的过程中，得到了许多专家学者的大力支持，但由于本书涉及内容广泛，虽经全体编者精心编写、反复修改，疏漏和不当之处在所难免，敬请广大读者多提宝贵意见，予以指正，在此谨表谢意。

编者
2013 年 5 月

目　录

第一章　冶金企业安全生产法律法规

第一节　我国的安全生产方针

一、安全生产方针的概述

安全生产方针是指政府对安全生产工作总的要求,它是安全生产工作的方向。根据历史资料,我国安全生产方针大体可以归纳为三次变化,即:"生产必须安全、安全为了生产";"安全第一、预防为主";"安全第一、预防为主、综合治理"。

"安全第一、预防为主、综合治理"是我国安全生产现行的基本方针。这一方针反映了党和政府对安全生产规律的新认识,对于指导安全生产工作有着十分重要的意义。冶金企业负责人和安全生产管理人员要认真学习、深刻领会安全生产方针的含义,并在本职工作中自觉遵守和执行,牢固树立安全生产意识。

二、我国安全生产方针的变化

我国安全生产方针大体可以归纳为三次变化,即:"生产必须安全、安全为了生产";"安全第一、预防为主";"安全第一、预防为主、综合治理"。

(1)"生产必须安全、安全为了生产"方针(1949—1983年)

1952年12月,原劳动部召开了第二次全国劳动保护工作会议。这次会议,着重传达、讨论了毛泽东主席对劳动部1952年下半年工作计划的批示。劳动部部长李立三根据这一批示,提出了"安全与生产要同时搞好"的指导思想。在这次会议上,明确提出了安全生产方针,即:"生产必须安全、安全为了生产"的安全生产统一的方针。

(2)"安全第一、预防为主"方针(1984—2004年)

1984年,主管安全生产的劳动人事部在呈报给国务院成立全国安全生产委员会的报告中把"安全第一、预防为主"作为安全生产方针写进了报告,并得到国务院的正式认可。1987年1月26日,劳动人事部在杭州召开会议把"安全第一、预防为主"作为劳动保护工作方针写进了我国第一部《劳动法(草案)》。从此,"安全第一、预防为主"便作为安全生产的基本方针而确立下来。2002年,《中华人民共和国安全生产法》由第九届全国人民代表大会常务委员会第二十八次会议于2002年6月29日通过,自2002年11月1日起施行。"安全第一、预防为主"方针被列入《安全生产法》。

(3)"安全第一、预防为主、综合治理"方针(2005年至今)

2005年10月11日,中共中央第十六届五中全会通过的《中共中央关于制定十一五规划的建议》指出:"保障人民群众生命财产安全。坚持安全第一、预防为主、综合治理,落实安全生产责任制,强化企业安全生产责任,健全安全生产监管体制,严格安全执法,加强安全生产设施建设。切实抓好煤矿等高危行业的安全生产,有效遏制重特大事故。"把"综合治理"充实到安全生产方针中,始于中国共产党第十六届中央委员会第五次全体会议通过的《中共中央关于制定十一五规划的建议》,并在胡锦涛总书记、温家宝总理的讲话中进一步明确。中共中央政治局常委、国务院总理温家宝于2006年1月23—24日,在北京召开的全国安全生产工作会议上指出:"加强安全生产工作,要以邓小平理论和'三个代表'重要思想为指导,以科学发展观统领全局,坚持'安全第一、预防为主、综合治理',坚持标本兼治、重在治本,坚持创新体制机制、强化安全管理。"中共中央总书记胡锦涛于 2006 年 3 月 27 日下午主持中共中央政治局第 30 次集体学习时强调:"加强安全生产工作,关键是要全面落实'安全第一、预防为主、综合治理'的方针,做到思想认识上警钟长鸣、制度保证上严密有效、技术支撑上坚强有力、监督检查上严格细致、事故处理上严肃认真。"

三、我国安全生产方针的内涵

1. 坚持"安全第一"

安全第一,就是在生产过程中把安全放在第一重要的位置上,切实保护劳动者的生命安全和身体健康。这是我们党长期以来一直坚持的安全生产工作方针,充分表明了我们党对安全生产工作的高度重视、对人民群众根本利益的高度重视。安全第一的思想还体现在安全工作具有一票否决权,还体现在资金投入上保证安全第一,安全培训上安全第一,各种会议安全第一等。在新的历史条件下坚持安全第一,是贯彻落实以人为本的科学发展观、构建社会主义和谐社会的必然要求。以人为本,就必须珍爱人的生命;科学发展,就必须安全发展;构建和谐社会,就必须构建安全社会。坚持安全第一的方针,对于捍卫人的生命尊严、构建安全社会、促进社会和谐、实现安全发展具有十分重要的意义。因此,在安全生产工作中贯彻落实科学发展观,就必须始终坚持安全第一。

2. 坚持"预防为主"

预防为主,就是把安全生产工作的关口前移,超前防范,建立预教、预测、预报、预警、预防的递进式、立体化事故隐患预防体系,改善安全状况,预防安全事故。预防为主体现了现代安全管理的思想。现代安全管理的理念就是事先预防的新时期,预防为主的方针又有了新的内涵,即通过建设安全文化、健全安全法制、提高安全科技水平、落实安全责任、加大安全投入,构筑坚固的安全防线。具体地说,就是促进安全文化建设与社会文化建设的互动,为预防安全事故打造良好的"习惯的力量";建立、健全有关的法律法规和规章制度,如《安全生产法》,安全生产许可制度,"三同时"制度,隐患排查、治理和报告制度等等,依靠法制的力量促进安全事故防范;大力实施"科技兴安"战略,把安全生产状况的根本好转建立在依靠科技进步和提高劳动者素质的基础上;强化安全生产责任制和问责制,创新安全生产监管体制,严厉打击安全生产领域的腐败行为;健全和完善中央、地方、企业共同投入机制,提升安全生产投入水平,增强基础设施的安全保障能力。

3. 坚持"综合治理"

综合治理,是指适应我国安全生产形势的要求,自觉遵循安全生产规律,正视安全生产工作的长期性、艰巨性和复杂性,抓住安全生产工作中的主要矛盾和关键环节,综合运用经济、法律、行政等手段,人管、法治、技防多管齐下,并充分发挥社会、职工、舆论的监督作用,有效解决安全生产领域的问题。实施综合治理,是由我国安全生产中出现的新情况和面临的新形势决定的。在社会主义市场经济条件下,利益主体多元化,不同利益主体对待安全生产的态度和行为差异很大,需要因情制宜、综合防范;安全生产涉及的领域广泛,每个领域的安全生产又各具特点,需要防治手段的多样化;实现安全生产,必须从文化、法制、科技、责任、投入入手,多管齐下,综合施治;安全生产法律政策的落实,需要各级党委和政府的领导、有关部门的合作以及全社会的参与;目前我国的安全生产既存在历史积淀的沉重包袱,又面临经济结构调整、增长方式转变带来的挑战,要从根本上解决安全生产问题,就必须实施综合治理。从近年来安全监管的实践特别是今年联合执法的实践来看,综合治理是落实安全生产方针政策、法律法规的最有效手段。因此,综合治理具有鲜明的时代特征和很强的针对性,是我们党在安全生产新形势下作出的重大决策,体现了安全生产方针的新发展。

"安全第一、预防为主、综合治理"的安全生产方针是一个有机统一的整体。安全第一是预防为主、综合治理的统帅和灵魂,没有安全第一的思想,预防为主就失去了思想支撑,综合治理就失去了整治依据。预防为主是实现安全第一的根本途径。只有把安全生产的重点放在建立事故隐患预防体系上,超前防范,才能有效减少事故损失,实现安全第一。综合治理是落实安全第一、预防为主的手段和方法。只有不断健全和完善综合治理工作机制,才能有效贯彻安全生产方针,真正把安全第一、预防为主落到实处,不断开创安全生产工作的新局面。

第二节　冶金企业相关安全生产法律

一、《宪法》

宪法是国家的根本法,具有最高的法律效力。一切法律、行政法规和地方性法规都不得同宪法相抵触。可以说宪法是各种法律的总法律或总准则。

《宪法》总纲中的第一条明确指出:"中华人民共和国是工人阶级领导的,以工农联盟为基础的人民民主专政的社会主义国家。"这一规定就决定了我国的社会主义制度是保护以工人、农民为主体的劳动者的。在《宪法》中又规定了相应的权利和义务。

《宪法》第四十二条规定:"中华人民共和国公民有劳动的权利和义务。"国家通过各种途径,创造劳动就业条件,加强劳动保护,改善劳动条件,并在发展生产的基础上,提高劳动报酬和福利待遇。国家对就业前的公民进行必要的劳动就业训练。宪法的这一规定,是生产经营单位进行安全生产与从事各项工作的总的原则、总的指导思想和总的要求。我国各级政府管理部门,各类企事业单位机构,都要按照这一规定,确立安全第一,预防为主的思想,积极采取组织管理措施和安全技术保障措施,不断改善劳动条件,加强安全生产工作,切实保护从业人员的安全和健康。

《宪法》第四十三条规定:"中华人民共和国劳动者有休息的权利。"国家发展劳动者休息和休养的设施,规定职工的工作时间和休假制度。这一规定的作用和意义有两个方面,一是劳动者的休息权利不容侵犯,二是通过建立劳动者的工作时间和休息休假制度,既保证劳动的工作时间,又保证劳动者的休息时间和休假时间,注意劳逸结合,禁止随意加班加点,以保持劳动者有充沛的精力进行劳动和工作,防止因疲劳过度而发生伤亡事故或积劳成病,变成职业病。

《宪法》第四十八条规定:"中华人民共和国妇女在政治的、经济的、文化的、社会的和家庭的生活等方面享有同男子平等的权利。国家保护妇女的权利和利益。"该规定从各个方面充分肯定了我国广大妇女的地位,她们的权利受到国家法律保护。为了贯彻这个原则,国家还针对妇女的生理特点,专门制定了有关女职工的特殊劳动保护法规。

《宪法》的这些条款是我国安全生产方面工作的原则性规定。

二、《刑法》

《刑法》于1979年7月1日第五届全国人民代表大会第二次会议通过,历经七次修改,其中,于2006年6月29日第十届全国人民代表大会常务委员会第二十二次会议通过的《刑法修正案(六)》对刑法中有关安全生产事故犯罪,妨害对公司、企业的管理秩序犯罪等规定,作了补充和修改。具体规定如下:

(1)在生产、作业中违反有关安全管理的规定,因而发生重大伤亡事故或者造成其他严重后果的,处三年以下有期徒刑或者拘役;情节特别恶劣的,处三年以上七年以下有期徒刑。强令他人违章冒险作业,因而发生重大伤亡事故或者造成其他严重后果的,处五年以下有期徒刑或者拘役;情节特别恶劣的,处五年以上有期徒刑。

(2)安全生产设施或者安全生产条件不符合国家规定,因而发生重大伤亡事故或者造成其他严重后果的,对直接负责的主管人员和其他直接责任人员,处三年以下有期徒刑或者拘役;情节特别恶劣的,处三年以上七年以下有期徒刑。

(3)举办大型群众性活动违反安全管理规定,因而发生重大伤亡事故或者造成其他严重后果的,对直接负责的主管人员和其他直接责任人员,处三年以下有期徒刑或者拘役;情节特别恶劣的,处三年以上七年以下有期徒刑。

(4)在安全事故发生后,负有报告职责的人员不报或者谎报事故情况,贻误事故抢救,情节严重的,处三年以下有期徒刑或者拘役;情节特别严重的,处三年以上七年以下有期徒刑。

三、《安全生产法》

《中华人民共和国安全生产法》于2002年6月29日由中华人民共和国第九届全国人民代表大会常务委员会第二十八次会议通过,并于2002年11月1日起施行。这是我国第一部规范安全生产的综合性基础法律。

《安全生产法》对生产经营单位安全生产保障、从业人员的权利和义务、安全生产的监督管理、安全生产事故的应急救援与调查处理及追究法律责任等方面有明确规定。

(1)生产经营单位必须遵守本法和其他有关安全生产的法律、法规,加强安全生产管理,建立、健全安全生产责任制度,完善安全生产条件,确保安全生产。且生产经营单位的主要负责人对本单位的安全生产工作全面负责。

(2)生产经营单位应当具备本法和有关法律、行政法规和国家标准或者行业标准规定的安全生产条件;不具备安全生产条件的,不得从事生产经营活动。

(3)生产经营单位应当对从业人员进行安全生产教育和培训,保证从业人员具备必要的安全生产知识,熟悉有关的安全生产规章制度和安全操作规程,掌握本岗位的安全操作技能。未经安全生产教育和培训合格的从业人员,不得上岗作业。

(4)生产经营单位应当教育和督促从业人员严格执行本单位的安全生产规章制度和安全操作规程;并向从业人员如实告知作业场所和工作岗位存在的危险因素、防范措施以及事故应急措施。

(5)生产经营单位的从业人员有依法获得安全生产保障的权利,并应当依法履行安全生产方面的义务。

从业人员在安全生产方面的权利包括:

①有权了解其作业场所和工作岗位存在的危险因素、防范措施及事故应急措施,有权对本单位的安全生产工作提出建议。

②有权对本单位安全生产工作中存在的问题提出批评、检举、控告;有权拒绝违章指挥和强令冒险作业。

③从业人员发现直接危及人身安全的紧急情况时,有权停止作业或者在采取可能的应急措施后撤离作业场所。

④因生产安全事故受到损害的从业人员,除依法享有工伤社会保险外,依照有关民事法律尚有获得赔偿的权利的,有权向本单位提出赔偿要求。

从业人员在安全生产方面的义务包括:

①从业人员在作业过程中,应当严格遵守本单位的安全生产规章制度和操作规程,服从管理,正确佩戴和使用劳动防护用品。

②从业人员应当接受安全生产教育和培训,掌握本职工作所需的安全生产知识,提高安全生产技能,增强事故预防和应急处理能力。

③从业人员发现事故隐患或者其他不安全因素,应当立即向现

场安全生产管理人员或者本单位负责人报告；接到报告的人员应当及时予以处理。

④任何单位或者个人对事故隐患或者安全生产违法行为，均有权向负有安全生产监督管理职责的部门报告或者举报。

四、《劳动法》

《劳动法》于 1994 年 7 月 5 日第八届全国人民代表大会常务委员会第八次会议通过，自 1995 年 1 月 1 日起施行。最新立法为2008 年的《劳动合同法》，需配合使用。

该法规定的劳动者的权利包括：

(1)平等就业的权利。《劳动法》规定，凡具有劳动能力的公民，都有平等就业的权利，即劳动者拥有劳动就业权。劳动就业权是有劳动能力的公民获得参加社会劳动的切实保证按劳取酬的权利。公民的劳动就业权是公民享有其他各项权利的基础。如果公民的劳动就业权不能实现，其他一切权利也就失去了基础。

(2)选择职业的权利。《劳动法》规定，劳动者有权根据自己的意愿、自身的素质、能力、志趣和爱好，以及市场信息等选择适合自己才能、爱好的职业，即劳动者拥有自由选择职业的权利。选择职业的权利有利于劳动者充分发挥自己的特长，促进社会生产力的发展。这既是劳动者劳动权利的体现，也是社会进步的一个标志。

(3)取得劳动薪酬的权利。《劳动法》规定，劳动者有权依照劳动合同及国家有关法律取得劳动薪酬。获取劳动薪酬的权利是劳动者持续行使劳动权不可少的物质保证。

(4)获得劳动安全卫生保护的权利。《劳动法》规定，劳动者有获得劳动安全卫生保护的权利。这是对劳动者在劳动中的生命安全和身体健康，以及享受劳动权利的最直接的保护。

(5)享有休息的权利。我国宪法规定，劳动者有休息的权利。为此，国家规定了职工的工作时间和休假制度，并发展劳动者休息和休养的设施。

(6)享有社会保险和福利的权利。为了给劳动者患疾病时和年老时提供保障,我国《劳动法》规定,劳动者享有社会保险和福利的权利,即劳动者享有包括养老保险、医疗保险、工伤保险、失业保险、生育保险等在内的劳动保险和福利。社会保险和福利是劳动力再生产的一种客观需要。

(7)接受职业技能培训的权利。我国宪法规定,公民有教育的权利和义务。所谓受教育既包括受普通教育,也包括受职业教育。接受职业技能培训的权利是劳动者实现劳动权的基础条件,因为劳动者要实现自己的劳动权,必须拥有一定的职业技能,而要获得这些职业技能,就必须获得专门的职业培训。

(8)提请劳动争议处理的权利。《劳动法》规定,当劳动者与用人单位发生劳动争议时,劳动者享有提请劳动争议处理的权利,即劳动者享有依法向劳动争议调解委员会、劳动仲裁委员会和法院申请调解、仲裁、提起诉讼的权利。其中,劳动争议调解委员会由用人单位、工会和职工代表组成,劳动仲裁委员会由劳动行政部门的代表、同级工会、用人单位代表组成。

(9)法律规定的其他权利。法律规定的其他权利包括:依法参加和组织工会的权利,依法享有参与民主管理的权利,劳动者依法享有参加社会义务劳动的权利,从事科学研究、技术革新、发明创造的权利,依法解除劳动合同的权利,对用人单位管理人员违章指挥、强令冒险作业有拒绝执行的权利,对危害生命安全和身体健康的行为有权提出批评、举报和控告的权利,对违反劳动法的行为进行监督的权利等。

五、《职业病防治法》

《全国人民代表大会常务委员会关于修改〈中华人民共和国职业病防治法〉的决定》已由中华人民共和国第十一届全国人民代表大会

常务委员会第二十四次会议于 2011 年 12 月 31 日通过,自即日起施行。《职业病防治法》立法目的是:预防、控制和消除职业病危害,防治职业病,保护劳动者健康及其相关权益,促进经济社会发展。

《职业病防治法》(修正)对职业病重新定义为:职业病是指企业、事业单位和个体经济组织等用人单位的劳动者在职业活动中,因接触粉尘、放射性物质和其他有毒、有害因素而引起的疾病。职业病的分类和目录由国务院卫生行政部门会同国务院安全生产监督管理部门、劳动保障行政部门制定、调整并公布。

《职业病防治法》规定:职业病防治工作坚持预防为主、防治结合的方针,建立用人单位负责、行政机关监管、行业自律、职工参与和社会监督的机制,实行分类管理、综合治理。

1. 用人单位在治病防治方面的职责

(1)用人单位应当为劳动者创造符合国家职业卫生标准和卫生要求的工作环境和条件,并采取措施保障劳动者获得职业卫生保护。

(2)用人单位应当建立、健全职业病防治责任制,加强对职业病防治的管理,提高职业病防治水平,对本单位产生的职业病危害承担责任。

(3)用人单位的主要负责人对本单位的职业病防治工作全面负责。

(4)用人单位必须依法参加工伤保险。

2. 职业病防治违法行为应负的法律责任

(1)建设单位的法律责任

《职业病防治法》第七十条规定,建设单位违反本法规定,由安全生产监督管理部门给予警告,责令限期改正;逾期不改正的,处十万元以上五十万元以下的罚款;情节严重的,责令停止产生职业病危害的作业,或者提请有关人民政府按照国务院规定的权限责令停建、关闭。

(2)用人单位的法律责任

《职业病防治法》第七十一条、第七十二条、第七十三条、第七十五条、第七十六条、第七十八条、第七十九条、第八十六条规定,用人单位有违反本法规定的行为,分别给予警告、责令限期改正、1万到20万元以下罚款、责令停止产生职业病危害的作业、或者提请有关人民政府按照国务院规定的权限责令关闭的行政处罚;对直接负责的主管人员和其他直接责任人员,可以依法给予降级或者撤职的处分;构成犯罪的,对直接负责的主管人员和其他直接责任人员,依法追究刑事责任。

3. 职业病防治违法行为行政处罚的决定机关

对于《职业病防治法》规定的职业病防治违法行为的行政处罚,应当按照国务院关于卫生行政部门与安全生产监督管理部门的职责分工,分别由卫生行政部门和安全生产监督管理部门在各自的职权范围内决定。

六、《消防法》

《中华人民共和国消防法》已由中华人民共和国第十一届全国人民代表大会常务委员会第五次会议于 2008 年 10 月 28 日修订通过,修订后的《中华人民共和国消防法》自 2009 年 5 月 1 日起施行。内容包括总则、火灾预防、消防组织、灭火救援、监督检查、法律责任、附则,共 7 章 74 条。

从业人员应遵守以下规定:

(1)禁止在具有火灾、爆炸危险的场所吸烟、使用明火。因施工等特殊情况需要使用明火作业的,应当按照规定事先办理审批手续,采取相应的消防安全措施;作业人员应当遵守消防安全规定。

进行电焊、气焊等具有火灾危险作业的人员和自动消防系统的操作人员,必须持证上岗,并遵守消防安全操作规程。

(2)生产、储存、运输、销售、使用、销毁易燃易爆危险品,必须执行消防技术标准和管理规定。

进入生产、储存易燃易爆危险品的场所,必须执行消防安全规定。禁止非法携带易燃易爆危险品进入公共场所或者乘坐公共交通工具。

储存可燃物资仓库的管理,必须执行消防技术标准和管理规定。

(3)任何单位、个人不得损坏、挪用或者擅自拆除、停用消防设施、器材,不得埋压、圈占、遮挡消火栓或者占用防火间距,不得占用、堵塞、封闭疏散通道、安全出口、消防车通道。人员密集场所的门窗不得设置影响逃生和灭火救援的障碍物。

(4)任何人发现火灾都应当立即报警。任何单位、个人都应当无偿为报警提供便利,不得阻拦报警。严禁谎报火警。

人员密集场所发生火灾,该场所的现场工作人员应当立即组织、引导在场人员疏散。

任何单位发生火灾,必须立即组织力量扑救。邻近单位应当给予支援。

消防队接到火警,必须立即赶赴火灾现场,救助遇险人员,排除险情,扑灭火灾。

第三节　冶金企业相关安全生产行政法规

一、《工伤保险条例》

《工伤保险条例》于 2003 年 4 月 16 日国务院第 5 次常务会议讨论通过,自 2004 年 1 月 1 日起施行。其根据 2010 年 12 月 20 日《国务院关于修改〈工伤保险条例〉的决定》重新进行了修订,新修订的《工伤保险条例》自 2011 年 1 月 1 日起施行。

新修订的《工伤保险条例》共 8 章 67 条,其立法目的是为了保障因工作遭受事故伤害或者患职业病的职工获得医疗救治和经济补偿,促进工伤预防和职业康复,分散用人单位的工伤风险。

新修订的《工伤保险条例》对从业人员应享有的工伤保险权利有如下规定:

(1)中华人民共和国境内的企业、事业单位、社会团体、民办非企业单位、基金会、律师事务所、会计师事务所等组织和有雇工的个体工商户应当依照本条例规定参加工伤保险,为本单位全部职工或者雇工缴纳工伤保险费。

中华人民共和国境内的企业、事业单位、社会团体、民办非企业单位、基金会、律师事务所、会计师事务所等组织的职工和个体工商户的雇工,均有依照本条例的规定享受工伤保险待遇的权利。

(2)用人单位应当将参加工伤保险的有关情况在本单位内公示。用人单位和职工应当遵守有关安全生产和职业病防治的法律法规,执行安全卫生规程和标准,预防工伤事故发生,避免和减少职业病危害。职工发生工伤时,用人单位应当采取措施使工伤职工得到及时救治。

(3)用人单位应当按时缴纳工伤保险费。职工个人不缴纳工伤保险费。

(4)职工有下列情形之一的,应当认定为工伤:

①在工作时间和工作场所内,因工作原因受到事故伤害的;

②工作时间前后在工作场所内,从事与工作有关的预备性或者收尾性工作受到事故伤害的;

③在工作时间和工作场所内,因履行工作职责受到暴力等意外伤害的;

④患职业病的;

⑤因工外出期间,由于工作原因受到伤害或者发生事故下落不明的;

⑥在上下班途中,受到非本人主要责任的交通事故或者城市轨

道交通、客运轮渡、火车事故伤害的;

⑦法律、行政法规规定应当认定为工伤的其他情形。

(5)职工有下列情形之一的,视同工伤:

①在工作时间和工作岗位,突发疾病死亡或者在 48 小时之内经抢救无效死亡的;

②在抢险救灾等维护国家利益、公共利益活动中受到伤害的;

③职工原在军队服役,因战、因公负伤致残,已取得革命伤残军人证,到用人单位后旧伤复发的。

职工有前款第①项、第②项情形的,按照本条例的有关规定享受工伤保险待遇;职工有前款第③项情形的,按照本条例的有关规定享受除一次性伤残补助金以外的工伤保险待遇。

(6)职工发生事故伤害或者按照职业病防治法规定被诊断、鉴定为职业病,所在单位应当自事故伤害发生之日或者被诊断、鉴定为职业病之日起 30 日内,向统筹地区社会保险行政部门提出工伤认定申请。遇有特殊情况,经报社会保险行政部门同意,申请时限可以适当延长。用人单位未按前款规定提出工伤认定申请的,工伤职工或者其近亲属、工会组织在事故伤害发生之日或者被诊断、鉴定为职业病之日起 1 年内,可以直接向用人单位所在地统筹地区社会保险行政部门提出工伤认定申请。

(7)职工发生工伤,经治疗伤情相对稳定后存在残疾、影响劳动能力的,应当进行劳动能力鉴定。

(8)职工因工作遭受事故伤害或者患职业病进行治疗,享受工伤医疗待遇。职工治疗工伤应当在签订服务协议的医疗机构就医,情况紧急时可以先到就近的医疗机构急救。

(9)职工因工作遭受事故伤害或者患职业病需要暂停工作接受工伤医疗的,在停工留薪期内,原工资福利待遇不变,由所在单位按月支付。

(10)工伤职工已经评定伤残等级并经劳动能力鉴定委员会确认

需要生活护理的,从工伤保险基金按月支付生活护理费。

(11)职工因工死亡,其近亲属按照下列规定从工伤保险基金领取丧葬补助金、供养亲属抚恤金和一次性工亡补助金:

①丧葬补助金为 6 个月的统筹地区上年度职工月平均工资。

②供养亲属抚恤金按照职工本人工资的一定比例发给由因工死亡职工生前提供主要生活来源、无劳动能力的亲属。标准为:配偶每月 40％,其他亲属每人每月 30％,孤寡老人或者孤儿每人每月在上述标准的基础上增加 10％。核定的各供养亲属的抚恤金之和不应高于因工死亡职工生前的工资。供养亲属的具体范围由国务院社会保险行政部门规定。

③一次性工亡补助金标准为上一年度全国城镇居民人均可支配收入的 20 倍。

二、《生产安全事故报告和调查处理条例》

《生产安全事故报告和调查处理条例》(中华人民共和国国务院令第 493 号)于 2007 年 3 月 28 日国务院第 172 次常务会议通过,2007 年 4 月 9 日公布,自 2007 年 6 月 1 日起施行。

该条例规定:

(1)事故发生后,事故现场有关人员应当立即向本单位负责人报告;单位负责人接到报告后,应当于 1 小时内向事故发生地县级以上人民政府安全生产监督管理部门和负有安全生产监督管理职责的有关部门报告。情况紧急时,事故现场有关人员可以直接向事故发生地县级以上人民政府安全生产监督管理部门和负有安全生产监督管理职责的有关部门报告。

(2)报告事故应当包括下列内容:

①事故发生单位概况;

②事故发生的时间、地点以及事故现场情况;

③事故的简要经过;

④事故已经造成或者可能造成的伤亡人数(包括下落不明的人数)和初步估计的直接经济损失;

⑤已经采取的措施;

⑥其他应当报告的情况。

(3)事故调查处理过程中最重要的一条原则是"四不放过",即事故原因没有查清楚不放过,事故责任者没有严肃处理不放过,广大职工没有受到教育不放过,防范措施没有落实不放过。

三、《特种设备安全监察条例》

《特种设备安全监察条例》(国务院令第549号)由2009年1月14日国务院第46次常务会议签署,自2009年5月1日起施行。该条例分总则、特种设备的生产、特种设备的使用、检验检测、监督检查和法律责任几部分。

该条例规定:

(1)国务院特种设备安全监督管理部门负责全国特种设备的安全监察工作,县以上地方负责特种设备安全监督管理的部门对本行政区域内特种设备实施安全监察。

(2)特种设备生产、使用单位应当建立健全特种设备安全、节能管理制度和岗位安全、节能责任制度。特种设备生产、使用单位的主要负责人应当对本单位特种设备的安全和节能全面负责。特种设备生产、使用单位和特种设备检验检测机构,应当接受特种设备安全监督管理部门依法进行的特种设备安全监察。

(3)国家鼓励推行科学的管理方法,采用先进技术,提高特种设备安全性能和管理水平,增强特种设备生产、使用单位防范事故的能力,对取得显著成绩的单位和个人,给予奖励。国家鼓励特种设备节能技术的研究、开发、示范和推广,促进特种设备节能技术创新和应用。特种设备生产、使用单位和特种设备检验检测机构,应当保证必要的安全和节能投入。国家鼓励实行特种设备责任保险制度,提高事故赔付能力。

（4）任何单位和个人对违反本条例规定的行为，有权向特种设备安全监督管理部门和行政监察等有关部门举报。

（5）特种设备使用单位，应当严格执行本条例和有关安全生产的法律、行政法规的规定，保证特种设备的安全使用。

（6）特种设备在投入使用前或者投入使用后 30 日内，特种设备使用单位应当向直辖市或者设区的市的特种设备安全监督管理部门登记。登记标志应当置于或者附着于该特种设备的显著位置。

（7）特种设备使用单位应当对在用特种设备进行经常性日常维护保养，并定期自行检查。特种设备使用单位对在用特种设备应当至少每月进行一次自行检查，并作出记录。特种设备使用单位在对在用特种设备进行自行检查和日常维护保养时发现异常情况的，应当及时处理。特种设备使用单位应当对在用特种设备的安全附件、安全保护装置、测量调控装置及有关附属仪器仪表进行定期校验、检修，并作出记录。

（8）特种设备使用单位应当按照安全技术规范的定期检验要求，在安全检验合格有效期届满前 1 个月向特种设备检验检测机构提出定期检验要求。检验检测机构接到定期检验要求后，应当按照安全技术规范的要求及时进行安全性能检验和能效测试。未经定期检验或者检验不合格的特种设备，不得继续使用。

（9）特种设备出现故障或者发生异常情况，使用单位应当对其进行全面检查，消除事故隐患后，方可重新投入使用。特种设备不符合能效指标的，特种设备使用单位应当采取相应措施进行整改。

（10）特种设备存在严重事故隐患，无改造、维修价值，或者超过安全技术规范规定使用年限，特种设备使用单位应当及时予以报废，并应当向原登记的特种设备安全监督管理部门办理注销。

四、《国务院关于进一步加强企业安全生产工作的通知》

国务院 2010 年 7 月 19 日下发的《国务院关于进一步加强企业安全生产工作的通知》是继 2004 年《国务院关于进一步加强安全生产工作的决定》之后，国务院在加强安全生产工作方面的又一重大举措，充分体现了党中央、国务院对安全生产工作的高度重视。《通知》进一步明确了现阶段安全生产工作的总体要求和目标任务，提出了新形势下加强安全生产工作的一系列政策措施，涵盖企业安全管理、技术保障、产业升级、应急救援、安全监管、安全准入、指导协调、考核监督和责任追究等多个方面，是指导全国安全生产工作的纲领性文件。

该《通知》与从业人员密切相关的规定如下：

（1）进一步规范企业生产经营行为。企业要健全完善严格的安全生产规章制度，坚持不安全不生产。加强对生产现场监督检查，严格查处违章指挥、违规作业、违反劳动纪律的"三违"行为。

（2）强化职工安全培训。企业主要负责人和安全生产管理人员、特殊工种人员一律严格考核，按国家有关规定持职业资格证书上岗；职工必须全部经过培训合格后上岗。企业用工要严格依照劳动合同法与职工签订劳动合同。凡存在不经培训上岗、无证上岗的企业，依法停产整顿。没有对井下作业人员进行安全培训教育，或存在特种作业人员无证上岗的企业，情节严重的要依法予以关闭。

（3）提高工伤事故死亡职工一次性赔偿标准。从 2011 年 1 月 1 日起，依照《工伤保险条例》的规定，对因生产安全事故造成的职工死亡，其一次性工亡补助金标准调整为按全国上一年度城镇居民人均可支配收入的 20 倍计算，发放给工亡职工近亲属。同时，依法确保工亡职工一次性丧葬补助金、供养亲属抚恤金的发放。

（4）鼓励扩大专业技术和技能人才培养。进一步落实完善校企合作办学、对口单招、订单式培养等政策，鼓励高等院校、职业学校逐年扩大采矿、机电、地质、通风、安全等相关专业人才的招生培养规模,加快培养高危行业专业人才和生产一线急需技能型人才。

第四节　冶金企业相关部门规章

一、《生产安全事故信息报告和处置办法》

《生产安全事故信息报告和处置办法》(国家安全生产监督管理总局令第 21 号)于 2009 年 5 月 27 日国家安全生产监督管理总局局长办公会议审议通过,自 2009 年 7 月 1 日起施行。

该办法的相关规定如下:

(1)生产经营单位发生生产安全事故或者较大涉险事故,其单位负责人接到事故信息报告后应当于 1 小时内报告事故发生地县级安全生产监督管理部门、煤矿安全监察分局。发生较大以上生产安全事故的,事故发生单位在依照第一款规定报告的同时,应当在 1 小时内报告省级安全生产监督管理部门、省级煤矿安全监察机构。发生重大、特别重大生产安全事故的,事故发生单位在依照本条第一款、第二款规定报告的同时,可以立即报告国家安全生产监督管理总局、国家煤矿安全监察局。

(2)报告事故信息,应当包括下列内容:

①事故发生单位的名称、地址、性质、产能等基本情况;

②事故发生的时间、地点以及事故现场情况;

③事故的简要经过(包括应急救援情况);

④事故已经造成或者可能造成的伤亡人数(包括下落不明、涉险的人数)和初步估计的直接经济损失;

⑤已经采取的措施;

⑥其他应当报告的情况。

(3)使用电话快报,应当包括下列内容:

①事故发生单位的名称、地址、性质;

②事故发生的时间、地点;

③事故已经造成或者可能造成的伤亡人数(包括下落不明、涉险的人数)。

(4)事故具体情况暂时不清楚的,负责事故报告的单位可以先报事故概况,随后补报事故全面情况。事故信息报告后出现新情况的,负责事故报告的单位应当依照本办法第六条、第七条、第八条、第九条的规定及时续报。较大涉险事故、一般事故、较大事故每日至少续报1次;重大事故、特别重大事故每日至少续报2次。自事故发生之日起30日内(道路交通、火灾事故自发生之日起7日内),事故造成的伤亡人数发生变化的,应于当日续报。

二、《生产安全事故应急预案管理办法》

《生产安全事故应急预案管理办法》已于2009年3月20日国家安全生产监督管理总局局长办公会议审议通过,以国家安全生产监督管理总局令第17号公布,自2009年5月1日起施行。

该办法的相关规定如下:

(1)生产经营单位应当根据有关法律、法规和《生产经营单位安全生产事故应急预案编制导则》(AQ/T 9002—2006),结合本单位的危险源状况、危险性分析情况和可能发生的事故特点,制定相应的应急预案。生产经营单位的应急预案按照针对情况的不同,分为综合应急预案、专项应急预案和现场处置方案。

(2)生产经营单位编制的综合应急预案、专项应急预案和现场处置方案之间应当相互衔接,并与所涉及的其他单位的应急预案相互衔接。

(3)中央管理的总公司(总厂、集团公司、上市公司)的综合应急预案和专项应急预案,报国务院国有资产监督管理部门、国务院安全生产监督管理部门和国务院有关主管部门备案;其所属单位的应急预案分别抄送所在地的省、自治区、直辖市或者设区的市人民政府安全生产监督管理部门和有关主管部门备案。

上述规定以外的其他生产经营单位中涉及实行安全生产许可的,其综合应急预案和专项应急预案,按照隶属关系报所在地县级以上地方人民政府安全生产监督管理部门和有关主管部门备案;未实行安全生产许可的,其综合应急预案和专项应急预案的备案,由省、自治区、直辖市人民政府安全生产监督管理部门确定。

(4)生产经营单位应当组织开展本单位的应急预案培训活动,使有关人员了解应急预案内容,熟悉应急职责、应急程序和岗位应急处置方案。应急预案的要点和程序应当张贴在应急地点和应急指挥场所,并设有明显的标志。

(5)生产经营单位应当制定本单位的应急预案演练计划,根据本单位的事故预防重点,每年至少组织一次综合应急预案演练或者专项应急预案演练,每半年至少组织一次现场处置方案演练。

(6)生产经营单位制定的应急预案应当至少每三年修订一次,预案修订情况应有记录并归档。

(7)生产经营单位应当及时向有关部门或者单位报告应急预案的修订情况,并按照有关应急预案报备程序重新备案。

(8)生产经营单位应当按照应急预案的要求配备相应的应急物资及装备,建立使用状况档案,定期检测和维护,使其处于良好状态。

(9)生产经营单位发生事故后,应当及时启动应急预案,组织有关力量进行救援,并按照规定将事故信息及应急预案启动情况报告安全生产监督管理部门和其他负有安全生产监督管理职责的部门。

三、《安全生产事故隐患排查治理暂行规定》

《安全生产事故隐患排查治理暂行规定》(国家安全生产监督管理总局令第16号)于2007年12月22日在国家安全生产监督管理

总局局长办公会议上审议通过,予以公布,自 2008 年 2 月 1 日起施行。

《安全生产事故隐患排查治理暂行规定》中有如下规定:

(1)任何单位和个人发现事故隐患,均有权向安全监管监察部门和有关部门报告。

(2)生产经营单位应当建立事故隐患报告和举报奖励制度,鼓励、发动职工发现和排除事故隐患,鼓励社会公众举报。对发现、排除和举报事故隐患的有功人员,应当给予物质奖励和表彰。

(3)安全监管监察部门和有关部门的监督检查人员依法履行事故隐患监督检查职责时,生产经营单位应当积极配合,不得拒绝和阻挠。

(4)生产经营单位在事故隐患治理过程中,应当采取相应的安全防范措施,防止事故发生。事故隐患排除前或者排除过程中无法保证安全的,应当从危险区域内撤出作业人员,并疏散可能危及的其他人员,设置警戒标志,暂时停产停业或者停止使用;对暂时难以停产或者停止使用的相关生产储存装置、设施、设备,应当加强维护和保养,防止事故发生。

四、《工作场所职业卫生监督管理规定》

《工作场所职业卫生监督管理规定》(国家安全生产监督管理总局令第 47 号)已经 2012 年 3 月 6 日国家安全生产监督管理总局局长办公会议审议通过,自 2012 年 6 月 1 日起施行。

《工作场所职业卫生监督管理规定》有如下规定:

(1)生产经营单位应当加强作业场所的职业危害防治工作,为从业人员提供符合法律、法规、规章和国家标准、行业标准的工作环境和条件,采取有效措施,保障从业人员的职业健康。

(2)生产经营单位是职业危害防治的责任主体。生产经营单位的主要负责人对本单位作业场所的职业危害防治工作全面负责。

(3)存在职业危害的生产经营单位应当设置或者指定职业健康管理机构,配备专职或者兼职的职业健康管理人员,负责本单位的职业危害防治工作。

(4)生产经营单位的主要负责人和职业健康管理人员应当具备与本单位所从事的生产经营活动相适应的职业健康知识和管理能力,并接受安全生产监督管理部门组织的职业健康培训。

(5)生产经营单位应当对从业人员进行上岗前的职业健康培训和在岗期间的定期职业健康培训,普及职业健康知识,督促从业人员遵守职业危害防治的法律、法规、规章、国家标准、行业标准和操作规程。

(6)存在职业危害的生产经营单位,应当按照有关规定及时、如实将本单位的职业危害因素向安全生产监督管理部门申报,并接受安全生产监督管理部门的监督检查。

(7)生产经营单位对职业危害防护设施应当进行经常性的维护、检修和保养,定期检测其性能和效果,确保其处于正常状态。不得擅自拆除或者停止使用职业危害防护设施。

(8)存在职业危害的生产经营单位应当设有专人负责作业场所职业危害因素日常监测,保证监测系统处于正常工作状态。监测的结果应当及时向从业人员公布。

(9)存在职业危害的生产经营单位应当委托具有相应资质的中介技术服务机构,每年至少进行一次职业危害因素检测,每三年至少进行一次职业危害现状评价。定期检测、评价结果应当存入本单位的职业危害防治档案,向从业人员公布,并向所在地安全生产监督管理部门报告。

(10)生产经营单位在日常的职业危害监测或者定期检测、评价过程中,发现作业场所职业危害因素的强度或者浓度不符合国家标准、行业标准的,应当立即采取措施进行整改和治理,确保其符合职业健康环境和条件的要求。

(11)任何生产经营单位不得使用国家明令禁止使用的可能产生职业危害的设备或者材料。

(12)任何单位和个人不得将产生职业危害的作业转移给不具备职业危害防护条件的单位和个人。不具备职业危害防护条件的单位和个人不得接受产生职业危害的作业。

(13)生产经营单位对采用的技术、工艺、材料、设备,应当知悉其可能产生的职业危害,并采取相应的防护措施。对可能产生职业危害的技术、工艺、材料、设备故意隐瞒其危害而采用的,生产经营单位主要负责人对其所造成的职业危害后果承担责任。

(14)生产经营单位应当优先采用有利于防治职业危害和保护从业人员健康的新技术、新工艺、新材料、新设备,逐步替代产生职业危害的技术、工艺、材料、设备。

(15)生产经营单位不得安排未成年工从事接触职业危害的作业;不得安排孕期、哺乳期的女职工从事对本人和胎儿、婴儿有危害的作业。

(16)生产经营单位发生职业危害事故,应当及时向所在地安全生产监督管理部门和有关部门报告,并采取有效措施,减少或者消除职业危害因素,防止事故扩大。对遭受职业危害的从业人员,及时组织救治,并承担所需费用。生产经营单位及其从业人员不得迟报、漏报、谎报或者瞒报职业危害事故。

(17)作业场所使用有毒物品的生产经营单位,应当按照有关规定向安全生产监督管理部门申请办理职业卫生安全许可证。

(18)生产经营单位在安全生产监督管理部门行政执法人员依法履行监督检查职责时,应当予以配合,不得拒绝、阻挠。

五、《劳动防护用品监督管理规定》

《劳动防护用品监督管理规定》(国家安全生产监督管理总局令第1号)于2005年7月8日国家安全生产监督管理总局局务会议审

议通过,自 2005 年 9 月 1 日起施行。

该规定要求:

(1)生产经营单位应当按照《劳动防护用品选用规则》(GB 11651)和国家颁发的劳动防护用品配备标准以及有关规定,为从业人员配备劳动防护用品。

(2)生产经营单位应当安排用于配备劳动防护用品的专项经费。生产经营单位不得以货币或者其他物品替代应当按规定配备的劳动防护用品。

(3)生产经营单位为从业人员提供的劳动防护用品,必须符合国家标准或者行业标准,不得超过使用期限。生产经营单位应当督促、教育从业人员正确佩戴和使用劳动防护用品。

(4)生产经营单位不得采购和使用无安全标志的特种劳动防护用品;购买的特种劳动防护用品须经本单位的安全生产技术部门或者管理人员检查验收。

(5)从业人员在作业过程中,必须按照安全生产规章制度和劳动防护用品使用规则,正确佩戴和使用劳动防护用品;未按规定佩戴和使用劳动防护用品的,不得上岗作业。

(6)生产经营单位的从业人员有权依法向本单位提出配备所需劳动防护用品的要求;有权对本单位劳动防护用品管理的违法行为提出批评、检举、控告。

六、《生产经营单位安全培训规定》

《生产经营单位安全培训规定》(国家安全生产监督管理总局令第 3 号)于 2005 年 12 月 28 日国家安全生产监督管理总局局长办公会议审议通过,自 2006 年 3 月 1 日起施行。

《生产经营单位安全培训规定》有如下规定:

(1)生产经营单位从业人员应当接受安全培训,熟悉有关安全生产规章制度和安全操作规程,具备必要的安全生产知识,掌握本岗位的安全操作技能,增强预防事故、控制职业危害和应急处理的能力。未经安全生产培训合格的从业人员,不得上岗作业。

(2)加工、制造业等生产单位的其他从业人员,在上岗前必须经过厂(矿)、车间(工段、区、队)、班组三级安全培训教育。生产经营单位可以根据工作性质对其他从业人员进行安全培训,保证其具备本岗位安全操作、应急处置等知识和技能。

(3)从业人员在本单位内调整工作岗位或离岗一年以上重新上岗时,应当重新接受车间(工段、区、队)和班组级的安全培训。生产经营单位实施新工艺、新技术或者使用新设备、新材料时,应当对有关从业人员重新进行有针对性的安全培训。

(4)生产经营单位的特种作业人员,必须按照国家有关法律、法规的规定接受专门的安全培训,经考核合格,取得特种作业操作资格证书后,方可上岗作业。

七、《冶金企业安全生产监督管理规定》

《冶金企业安全生产监督管理规定》(国家安全生产监督管理总局令第 26 号)于 2009 年 8 月 24 日国家安全生产监督管理总局局长办公会议审议通过,自 2009 年 11 月 1 日起施行。

《冶金企业安全生产监督管理规定》有如下规定:

(1)冶金企业是安全生产的责任主体,其主要负责人是本单位安全生产第一责任人,相关负责人在各自职责内对本单位安全生产工作负责。集团公司对其所属分公司、子公司、控股公司的安全生产工作负管理责任。

(2)冶金企业应当遵守有关安全生产法律、法规、规章和国家标准或者行业标准的规定。焦化、氧气及相关气体制备、煤气生产(不包括回收)等危险化学品生产单位应当按照国家有关规定,取得危险化学品生产企业安全生产许可证。

(3)冶金企业应当建立健全安全生产责任制和安全生产管理制

度,完善各工种、岗位的安全技术操作规程。

(4)冶金企业的从业人员超过300人的,应当设置安全生产管理机构,配备不少于从业人员3‰比例的专职安全生产管理人员;从业人员在300人以下的,应当配备专职或者兼职安全生产管理人员。

(5)冶金企业主要负责人、安全生产管理人员应当接受安全生产教育和培训,具备与本单位所从事的生产经营活动相适应的安全生产知识和管理能力。特种作业人员必须按照国家有关规定经专门的安全培训考核合格,取得特种作业操作资格证书后,方可上岗作业。

冶金企业应当定期对从业人员进行安全生产教育和培训,保证从业人员具备必要的安全生产知识,了解有关的安全生产法律法规,熟悉规章制度和安全技术操作规程,掌握本岗位的安全操作技能。未经安全生产教育和培训合格的从业人员,不得上岗作业。

冶金企业应当按照有关规定对从事煤气生产、储存、输送、使用、维护检修的人员进行专门的煤气安全基本知识、煤气安全技术、煤气监测方法、煤气中毒紧急救护技术等内容的培训,并经考核合格后,方可安排其上岗作业。

(6)冶金企业应当按照国家有关规定,加强职业危害的防治与职业健康监护工作,采取有效措施控制职业危害,保证作业场所的职业卫生条件符合法律、行政法规和国家标准或者行业标准的规定。计量检测用的放射源应当按照有关规定取得放射物品使用许可证。

(7)冶金企业应当建立隐患排查治理制度,开展安全检查;对检查中发现的事故隐患,应当及时整改;暂时不能整改完毕的,应当制定具体整改计划,并采取可靠的安全保障措施。检查及整改情况应当记录在案。

(8)冶金企业应当建立健全事故应急救援体系,制定相应的事故应急预案,配备必要的应急救援装备与器材,定期开展应急宣传、教育、培训、演练,并按照规定对事故应急预案进行评审和备案。

(9)冶金企业应当建立安全检查与隐患整改记录、安全培训记录、事故记录、从业人员健康监护记录、危险源管理记录、安全资金投入和使用记录、安全管理台账、劳动防护用品发放台账、"三同时"审查和验收资料、有关设计资料及图纸、安全预评价报告、安全专篇、安全验收评价报告等档案管理制度,对有关安全生产的文件、报告、记录等及时归档。

(10)冶金企业应当定期对安全设备设施和安全保护装置进行检查、校验。对超过使用年限和不符合国家产业政策的设备,及时予以报废。对现有设备设施进行更新或者改造的,不得降低其安全技术性能。

(11)冶金企业从事检修作业前,应当制定相应的安全技术措施及应急预案,并组织落实。对危险性较大的检修作业,其安全技术措施和应急预案应当经本单位负责安全生产管理的机构审查同意。在可能发生火灾、爆炸的区域进行动火作业,应当按照有关规定执行动火审批制度。

八、《特种作业人员安全技术培训考核管理规定》

《特种作业人员安全技术培训考核管理规定》(国家安全生产监督管理总局令第 30 号)于 2010 年 4 月 26 日国家安全生产监督管理总局局长办公会议审议通过,自 2010 年 7 月 1 日起施行。1999 年 7 月 12 日原国家经济贸易委员会发布的《特种作业人员安全技术培训考核管理办法》同时废止。

《特种作业人员安全技术培训考核管理规定》有如下规定:

(1)特种作业人员必须经专门的安全技术培训并考核合格,取得《中华人民共和国特种作业操作证》(以下简称特种作业操作证)后,方可上岗作业。

(2)特种作业人员应当接受与其所从事的特种作业相应的安全技术理论培训和实际操作培训。

(3)特种作业人员的安全技术培训、考核、发证、复审工作实行统一监管、分级实施、教考分离的原则。

（4）特种作业操作证有效期为 6 年，在全国范围内有效。

（5）特种作业操作证每 3 年复审 1 次。

（6）特种作业操作证申请复审或者延期复审前，特种作业人员应当参加必要的安全培训并考试合格。安全培训时间不少于 8 个学时，主要培训法律、法规、标准、事故案例和有关新工艺、新技术、新装备等知识。

九、《建设项目安全设施"三同时"监督管理暂行办法》

《建设项目安全设施"三同时"监督管理暂行办法》（国家安全生产监督管理总局令第 36 号）于 2010 年 11 月 3 日国家安全生产监督管理总局局长办公会议审议通过，自 2011 年 2 月 1 日起施行。

该办法制定的目的是为了加强建设项目安全管理，预防和减少生产安全事故，保障从业人员生命和财产安全。

本办法适用于经县级以上人民政府及其有关主管部门依法审批、核准或者备案的生产经营单位新建、改建、扩建工程项目（以下统称建设项目）安全设施的建设及其监督管理。

该办法相关内容如下：

（1）本办法所称的建设项目安全设施，是指生产经营单位在生产经营活动中用于预防生产安全事故的设备、设施、装置、构（建）筑物和其他技术措施的总称。

（2）生产经营单位是建设项目安全设施建设的责任主体。建设项目安全设施必须与主体工程同时设计、同时施工、同时投入生产和使用（以下简称"三同时"）。安全设施投资应当纳入建设项目概算。

（3）国家安全生产监督管理总局对全国建设项目安全设施"三同时"实施综合监督管理，并在国务院规定的职责范围内承担国务院及其有关主管部门审批、核准或者备案的建设项目安全设施"三同时"的监督管理。

县级以上地方各级安全生产监督管理部门对本行政区域内的建设项目安全设施"三同时"实施综合监督管理,并在本级人民政府规定的职责范围内承担本级人民政府及其有关主管部门审批、核准或者备案的建设项目安全设施"三同时"的监督管理。

跨两个及两个以上行政区域的建设项目安全设施"三同时"由其共同的上一级人民政府安全生产监督管理部门实施监督管理。

上一级人民政府安全生产监督管理部门根据工作需要,可以将其负责监督管理的建设项目安全设施"三同时"工作委托下一级人民政府安全生产监督管理部门实施监督管理。

(4)安全生产监督管理部门应当加强建设项目安全设施建设的日常安全监管,落实有关行政许可及其监管责任,督促生产经营单位落实安全设施建设责任。

第五节　冶金企业相关安全生产标准

一、《炼铁安全规程》

《炼铁安全规程》(AQ 2002—2004)自 2005 年 3 月 1 日起施行。该规程充分考虑了炼铁生产工艺的特点(除存在通常的机械、电气、运输、起重等方面的危险因素外,还存在易燃易爆和有毒有害气体、高温热源、金属液体、炉渣、尘毒、放射源等方面的危险和有害因素),适用于炼铁厂的设计、设备制造、施工安装、生产和设备检修。

该规程主要包括:安全管理,厂址选择和厂区布置,一般规定,供上料系统,炉顶设备,高炉主体构造和操作,喷吹煤粉,富氧鼓风,热风炉和荒煤气系统,炉前出铁场和炉台构筑物,渣、铁处理,铸铁机,碾泥机,通讯、信号、仪表和计算机,电气、起重设备,设备检修。

二、《炼钢安全规程》

《炼钢安全规程》(AQ 2001—2004)自 2005 年 3 月 1 日起施行。该规程充分考虑了炼钢生产工艺的特点(除存在通常的机械、电气、运输、起重等方面的危险因素外,还存在易燃易爆和有毒有害气体、高温热源、金属液体、炉渣、尘毒、放射源等方面的危险和有害因素),适用于炼钢厂的设计、设备制造、施工安装、生产和设备检修。

该规程主要包括:安全管理,厂(车间)位置的选择与布置,厂房及其内部建、构筑物,原材料,炼钢相关设备,氧气转炉,电炉,炉外精炼,钢水浇注,动力供应与管线,炉渣,修炉。

三、《轧钢安全规程》

《轧钢安全规程》(AQ 2003—2004)自 2005 年 3 月 1 日起施行。该规程充分考虑了轧钢生产工艺的特点(除存在通常的机械、电气、运输、起重等方面的危险因素外,还存在易燃易爆和有毒有害气体、高温热源、金属液体、炉渣、尘毒、放射源等方面的危险和有害因素),适用于轧钢厂的设计、设备制造、施工安装、生产和设备检修。

该规程主要包括:安全管理,厂区布置与厂房建筑,危险场所与防火,基本规定,加热,轧制,镀涂、清洗和精整,起重与运输,电气安全与照明。

四、《烧结球团安全规程》

《烧结球团安全规程》(AQ 2025—2010)自 2011 年 5 月 1 日起施行。

本标准规定了烧结球团安全生产的技术要求。

本标准适用于烧结球团厂(或车间)的设计、设备制造、施工安装、验收以及生产和检修。

五、《工业企业煤气安全规程》

《工业企业煤气安全规程》(GB 6222—2005)适用于工业企业厂区内的发生炉、水煤气炉、半水煤气炉、高炉、焦炉、直立连续式炭化炉、转炉等煤气及压力小于或等于 12×10^5 Pa(12.24 kgf/cm^2)的天然气(不包括开采和厂外输配)的生产、回收、输配、贮存和使用设施的设计、制造、施工、运行、管理和维修等,不适用于城市煤气市区干管、支管和庭院管网及调压设施、液化石油气等。

该规程主要包括:基本要求,煤气生产、回收与净化,煤气管道(含天然气管道),煤气设备与管道附属装置,煤气加压站与混合站,煤气柜,煤气设施的操作与检修,煤气事故处理,煤气调度室及煤气防护站。

六、《深度冷冻法生产氧气及相关气体安全技术规程》

《深度冷冻法生产氧气及相关气体安全技术规程》(GB 16912—2008)替代了《氧气及相关气体安全技术规程》(GB 16912—1997)。本规程规定了工业氧气及相关气体的生产(含设计、制造、安装、改造、维修)、储存、输配和使用中应遵守的安全要求。本规程适用于新建、扩建和改建的采用深度冷冻法生产氧气及相关气体的单位。

七、《耐火安全规程》

《耐火安全规程》(原冶金工业部[89]冶安字第 23 号文颁发)适用于耐火厂(或车间)的设计、施工、验收、生产及维修。

该规程主要包括:总则,厂址选择及厂区布置,基本规定,工艺,化验、检验,起重与运输,管线,电气安全,工业卫生,附则。

八、《冶金企业安全卫生设计规定》

《冶金企业安全卫生设计规定》(原冶金工业部 1996 年 5 月 2 日

颁发)适用于冶金企业的新建、扩建、改建项目和引进工程项目的职业安全卫生设计。

该规程主要包括:总则,各设计阶段的安全卫生要,厂址选择与布置,安全技术,工业卫生,专业部分,安全卫生管理,附则。

九、《焦化安全规程》

《焦化安全规程》(GB 12710—2008)本标准规定了焦化厂安全生产的有关要求。

本标准适用于各类型焦化厂新建、扩建和改造工程项目的设计、施工与验收,以及现有设施的生产、维护、检修和管理。

十、《工业企业厂内铁路、道路运输安全规程》

《工业企业厂内铁路、道路运输安全规程》(GB 4387—2008)本标准规定了工业企业厂内铁路、道路运输所必须遵守的安全要求,规定了工业企业铁路道口的分级、道口的设置、道口安全设施的配备和看守、道口信号和标志等要求。

本标准适用于工业企业厂内铁路、道路的运输,矿山和物资仓库的铁路和道路运输亦可参照使用,不适用于林场、建筑工地以及铁道、交通、公安部门管辖的铁路和道路的运输。本标准适用于工业企业标准轨距铁路道口,不适用于矿山、林区、国家铁路、地方铁路的铁路道口。

十一、《缺氧危险作业安全规程》

《缺氧危险作业安全规程》(GB 8958—2006)标准规定了缺氧危险作业的定义和安全防护要求,适用于缺氧危险作业场所及其人员防护。

第二章　冶金企业通用
安全生产基础知识

第一节　冶金企业常见危险有害因素分析

一、冶金企业安全生产的特点

冶金企业指冶金工业的铁矿和有色金属工业的铜、铝、钛、钨、锌、锡、镍、铅等矿和钢铁厂、轧钢厂以及各种有色金属冶炼及加工等。此外,还包括提供辅助材料与生产设备的各种企业。其钢铁生产包括烧结、炼钢、轧钢、焦化、制氧等多个环节,具有企业规模大、工艺流程长、配套专业多、设备大型化、操作复杂、连续作业等特点。冶金生产既具有生产工艺条件所决定的高动能、高势能、高热能所带来的重大危险因素,又有化工生产常见的有毒有害物质,还有一般机械行业常见的机械伤害事故。其特点是危险源点多、危害大、高温作业和煤气作业多,作业环境差。

二、冶金企业常见危险有害因素

1. 火灾、爆炸

(1)各生产作业区域变电所、电气室、变压器室、电缆隧道、液压站、润滑油库及氧气站易发生火灾。

（2）焦化生产过程中使用的煤及产品煤焦等物质是固体燃料，洗油、焦油是易燃液体，并且易挥发产生火灾。

（3）煤气是易燃气体，苯类产品为易燃液体，并且易挥发产生蒸气或薄雾。

（4）粉尘、焦尘等是爆炸性粉尘；高炉出铁、出渣时的铁、渣遇水，高炉粉尘喷吹系统，高炉炉顶压力控制不当，炉体冷却壁破裂以及高炉煤气回收系统等都可能在异常情况下发生爆炸。

（5）转炉煤气回收系统、煤气加油站、煤气柜以及钢水钢渣遇水可能发生爆炸。

（6）轧钢加热炉使用混合煤气，操作不当可能引起爆炸。

（7）高炉、转炉、精炼炉、连铸、轧钢加热炉等设备冷却水终端供给可能造成设备损坏，并可能引起火灾、爆炸。

2. 机械伤害及坠落

（1）长距离输送设备和生产车间内的传送设备，如果运转设备的机械运转部分裸露在外或防护设施存在缺陷，有可能将人体的某一部位带入运转设备，造成人员伤害。

（2）在生产作业过程中设备操作不当或设备发生故障时，可能造成机械伤害。

（3）起重机检修及平台、走台、走梯、过桥、屋面等高空作业区以及地面坑、沟、井、洞等造成坠落事故。

3. 粉尘、有害气体

原料场、焦化、烧结、高炉、转炉、精炼、连铸、石灰煅烧、轧钢等生产过程中产生的粉尘及有害气体可能对操作人员造成伤害。如煤气泄漏产生的一氧化碳及转炉生产的一氧化碳等有害气体；高炉、焦炉煤气生产可能出现的煤气中毒事故等。

4. 弧光和高温辐射

（1）焦化、烧结、高炉、转炉、精炼、连铸、石灰煅烧、轧钢等各种加热炉产生的强烈刺眼弧光及热辐射对人的影响。

(2)高温作业区域对人体可能产生影响。

5. 噪声影响

各种冶炼炉、机械设备、风机、压缩机、水泵和气体放散等设备运行时产生的噪声对人体的危害。

6. 电气设备的触电伤害

(1)电器设备的非带电金属外壳,由于漏电、静电感应等原因,操作人员在操作过程中有可能发生触电伤害事故。

(2)新建变电站,其变、配电的电压较高,如保护设施失效或不严格遵守安全操作过程,存在着触电的危险。

7. 雷击伤害

高架建(构)筑物,如厂房、变电站、烟囱或排气筒等,在夏季的雷雨季节,有可能遭受雷击,从而产生火灾、爆炸和设备损坏、人员伤亡事故。

8. 起重伤害

大件设备吊装时,如指挥不当或操作不慎,易发生起重伤害事故。

9. 交通伤害

运输车辆进出厂区,也给安全生产和厂内的交通安全带来隐患。铁路通口信号损坏或指挥人员误指挥,有可能造成铁路交通事故。

第二节　安全色和安全标志

一、安全色和对比色

1. 安全色

安全色是传递安全信息含义的颜色,包括红、黄、蓝、绿四种颜色。正确使用安全色,可以使人员对威胁安全和健康的物体和环境尽快地作出反应;迅速发现或分辨安全标志,及时得到提醒,以防止事故、危害发生。

红色传递禁止、停止、危险或提示消防设备、设施的意思。应用包括:各种禁止标志(参照 GB 2894),交通禁令标志(参照 GB 5768),设备消防标志(参照 GB 13495),机械的停止按钮、刹车及停车装置的操纵手柄,机械设备转动部件的裸露部位,仪表刻度盘上极限位置的刻度,各种危险信号器等。

黄色传递注意、警告的信息。应用包括:各种警告标志(参照 GB 2894),道路交通标志和标线中警告标志(参照 GB 5768),警告信号旗等。

蓝色传递必须遵守规定的指令性信息。应用包括:各种指令标志(参照 GB 2894),道路交通标志和标线中指示标志(参照 GB 5768)。

绿色传递安全的提示性信息。应用包括:各种提示标志(参照 GB 2894);机器启动按钮;安全信号旗;急救站、疏散通道、避险处、应急避难场所等。

2. 对比色

对比色是指能使安全色更加醒目的反衬色,包括黑、白两种颜色。安全色与对比色同时使用时,应注意按照表 2-1 搭配使用。

表 2-1　安全色与对比色

颜色	对比色
红色	白色
黄色	黑色
蓝色	白色
绿色	白色

黑色用于安全标志的文字、图形符号和警告标志的几何边框。

　　白色用于安全标志中红、蓝、绿的背景色,也可以用于安全标志的文字和图形符号。安全色与对比色的相间条纹为等宽条纹,倾斜角度为45°。

　　红色与白色相间条纹,表示禁止或提示消防设备、设施位置的安全标记。主要应用:交通运输等方面所使用的防护栏杆及隔离墩,液化石油气汽车槽车的条纹,固定禁止标志的标志杆上色带(图2-1a)等。

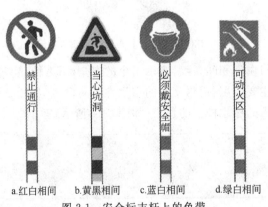

a.红白相间　　b.黄黑相间　　c.蓝白相间　　d.绿白相间

图 2-1　安全标志杆上的色带

　　黄色与黑色相间条纹,表示危险位置的安全标记。主要应用:各种机械在工作或移动时容易碰撞的部位,如移动式起重机的外伸腿、起重臂端部、起重吊钩和配重;剪板机的压紧装置;冲床的滑块等有暂时或永久性危险的场所或设备;固定警告标志的标志杆的色带(如图2-1b)等;设备所涂条纹的倾斜方向应以中心线为轴线对称,如图2-2所示;两个相对运动(剪切或挤压)棱边上条纹的倾斜方向应相反,如图2-3所示。

图 2-2　以设备中心为轴线对称的相间条纹示意图

图 2-3　相对运动棱边上条纹的倾斜方向示意图

蓝色与白色相间条纹,表示指令的安全标记,传递必须遵守规定的信息。主要应用:道路交通的指示性导向标志(如图 2-4 所示);固定指令标志的标志杆上的色带(如图 2-1c 所示)等。

图 2-4　指示性导向标志

绿色与白色相间条纹,表示安全环境的安全标记。主要应用:固定提示杆上的色带(如图 2-1d 所示)等。

二、安全标志

安全标志是用以表达安全信息的标志,由图形符号、安全色、几何形状(边框)或文字构成。《安全标志》(GB 2894)将安全标志分为禁止标志、警告标志、指令标志、提示标志四大类。

1. 禁止标志

禁止标志是禁止人们不安全行为的图形标志。其几何图形为带斜杠的圆环,背景为白色,斜杠和圆环为红色,图形符号为黑色。禁止标志如下图所示:

禁止吸烟
No smoking

禁止烟火
No buring

禁止带火种
No kindling

禁止用水灭火
No extinguishing
with water

禁止放置易燃物
No laying
inflammable thing

禁止堆放
No stocking

禁止启动
No starting

禁止合闸
No switching on

禁止转动
No turning

禁止叉车和厂内
机动车辆通行
No spooss for fork
life trucks and other
industrial vehicles

禁止乘人
No riding

禁止靠近
No nearing

禁止入内
No entering

禁止推动
No pushing

禁止停留
No stopping

禁止通行
No throughfare

禁止跨越
No striding

禁止攀登
No climbing

禁止跳下
No jumping down

禁止伸出窗外
No stretching out
of the window

禁止倚靠
No leaning

禁止坐卧
No sitting

禁止蹬踏
No stepping on surface

禁止触摸
No touching

2. 警告标志

　　警告标志是提醒人们对周围环境引起注意,以避免可能发生危险的图形标志。其几何图形是正三角形,图形背景为黄色,三角形边框及图形符号均为黑色。警告标志如下图所示:

当心腐蚀
Warning corrosion

当心中毒
Warning poisoning

当心感染
Warning infection

当心触电
Warning electric shock

当心电缆
Warning cable

当心自动启动
Warning
automatic start-up

当心机械伤人
Warning
mechanical injury

当心塌方
Warning collapse

当心冒顶
Warning roof fall

当心坑洞
Warning hole

当心落物
Warning falling object

当心吊物
Warning overhead load

当心碰头
Warning overhead load

当心挤压
Warning crushing

当心烫伤
Warning scald

当心伤手
Warning injure hand

当心夹手
Warning hand pinching

当心扎脚
Warning splinter

当心有犬
Warning guard dog

当心弧光
Warning arc

当心高温表面
Warning hot surface

当心低温
Warning low temperature/
freezing conditions

当心磁场
Warning magnetic field

当心电离辐射
Warning ionizing radiation

当心裂变物质
Warning fission matter

当心激光
Warning laser

当心微波
Warning microwave

当心叉车
Warning fork lift truck

当心车辆
Warning vehicle

当心火车
Warning train

当心坠落
Warning drop down

当心障碍物
Warning obstacles

当心跌落
Warning drop（fall）

当心滑倒
Warning slippery surface

当心落水
Warning falling into water

当心缝隙
Warning gap

3. 指令标志

指令标志是强制人们必须做出某种动作或采用防范措施的图形标志。其几何图形是圆形，背景色是蓝色，图形符号是白色。指令标志如下图所示：

4. 提示标志

提示标志是向人们提供某种信息（如标明安全设施或场所等）的图形标志。其几何图形是长方形，底色为绿色，图形符号及文字为白色。提示标志如下图所示：

● 相关链接

安全标志的设置应遵守以下原则：

（1）安全标志应设置在与安全有关的明显地方，并保证人们有足够的时间注意其所表示的内容。

（2）设立于某一特定位置的安全标志应被牢固地安装，保证其自身不会产生危险，所有的标志均应具有坚实的结构。

（3）当安全标志被置于墙壁或其他现存的结构上时，背景色应与标志上的主色形成对比色。

（4）对于那些所显示的信息已经无用的安全标志，应立即由设置处卸下，这对于警示特殊的临时性危险的标志尤其重要，否则会导致观察者对其他有用标志的忽视与干扰。

第三节　安全生产培训

安全生产培训是一项为提高职工安全技术水平和防范事故能力而进行的教育培训工作。安全生产培训是有计划地向企业干部、新老职工进行的思想政治教育，灌输劳动保护方针、政策和安全知识，通过典型经验和事故教训的教育，促使职工不断认识和掌握企业不安全因素和伤亡事故规律，是实现安全文明生产，全面提高职工安全素质的一项重要工作。

一、安全生产培训的重要性

安全生产培训是企业向全体职工进行安全思想、安全知识、安全技能所必须做的宣传、教育和训练，它在企业安全管理中占有重要的地位。

当前，随着科学技术的进步和体制改革的深入，大量新工人进厂,新技术、新工艺和新的劳动组织不断出现,抓好全员安全生产培训、增强安全意识、普及安全知识、提高安全管理和安全操作水平尤为迫切。这是因为:

(1)事故大多由人的不安全行为引起的,而全员安全教育是杜绝不安全行为的最好办法。通过对工伤事故进行分析、研究,得出结论:由于人为因素、违章作业、劳动保护装置不符合标准或使用方法不正确等原因造成的事故占90%以上。由此可见,防止事故的根本措施是防止人的不安全行为,而这些可以通过加强安全生产培训得到解决。

(2)只有开展安全生产培训,才能使全体职工形成"我要安全、我懂安全"的素质。就人的因素来讲,引起工伤事故的主要心理因素除了情绪低落和思想麻痹外,能力缺乏是一个较为突出的原因。工作能力强的人,他的知识、经验就愈丰富,事故发生率就愈低,而经验不足、安全知识贫乏、技术低下、能力差则往往易发生事故。

(3)对于广大职工,尤其是青年职工进行经常的、必要地、甚至强化的安全生产培训,培养遵章守纪的良好习惯,避免各类事故的发生是非常重要的。有些人"知章违章",究其原因,并不是由于缺乏有关安全知识,而是缺乏维护安全法规的思想和遵章守纪的良好习惯。因此,只有全面、反复地进行安全生产培训,有针对性的强化安全教育,才能培养职工良好的安全意识。

二、安全生产培训的基本内容

1. 安全思想政治培训教育

思想政治教育是安全教育的一项重要内容,其目的主要为安全生产打下思想基础,通常包括思想教育和法纪教育两个方面。

(1)思想教育主要是提高广大从业人员对安全生产重要意义的认识,弄清做好安全工作对促进生产经营单位生产建设发展的重要性和必要性,在日常生活工作中正确处理好安全和生产的关系,自觉地做好安全生产工作。在进行思想教育时,对重生产、轻安全的错误言行,要批评指正。

(2)安全法纪教育主要是使广大干部和群众懂得严格执行安全生产法规和劳动纪律对实现安全生产的重要性。安全生产法规包括国家制订的有关安全生产的政策、法令、规程、规定和生产经营单位根据上级规定所制订的各项安全生产规章制度。劳动纪律是劳动者进行劳动时必须共同遵守的行为规定。对从业人员进行遵纪守法教育,是提高生产经营单位管理水平、合理组织劳动力、提高劳动生产率的重要条件,也是贯彻安全生产方针、减少工伤事故和职业病、保障安全生产的必要措施。实践证明,哪个生产经营单位重视法纪教育,职工遵章守纪,安全生产就能搞好。反之,安全生产就得不到保证。因此,为了做好生产经营单位的安全生产工作,加强法纪教育是非常重要的。

2. 安全生产方针政策教育

党和国家的安全生产方针和劳动保护政策,是制订各项安全生产规章制度的依据,而执行规章制度既是大量事故教训的总结,又是安全生产工作先进经验的结晶。因此,必须采取各种措施和形式,大力宣传和认真贯彻,以便提高各项领导和广大群众的安全生产思想水平。

3. 安全技术知识培训教育

安全技术知识是生产技术知识的组成部分,是人们在征服自然的斗争中所总结积累起来的知识、技能和经验,是从事生产人员应知应会的内容之一,是预防事故发生的必备知识。安全技术知识的教育有利于丰富职工的安全知识,提高职工的安全素质,增强岗位作业的安全可靠性,为安全生产创造前提条件。

(1)生产技术知识教育培训

安全技术知识寓于生产技术知识之中,要掌握安全知识,必须首先掌握生产技术知识。具体内容有:生产经营单位的基本生产概况、生产特点、生产过程、作业方法、工艺流程;各种机具的性能;生产操作技能和经验;产品的构造、性能质量和规格等;材料的性能和规格等。

(2)基本安全技术知识教育培训

这是生产经营单位中每个职工都必须具备的起码的安全生产基本知识。主要内容包括:生产经营单位内危险区域和设备的基本知识及注意事项;生产中使用的有毒有害的原材料或可能散发有毒物质的安全防护知识;电气安全知识;起重机械安全知识;高处作业安全知识;厂内运输安全知识;防火防爆安全知识;个人防护用品的构造、性能和正确使用方法;发生事故时的紧急救护和自救技术措施、方法等。

(3)专业安全技术知识教育培训

按照不同的专业工种,进行专门、深入的专业安全技术教育,这是安全技术教育的重点。专业安全技术知识是该工种的职工必须具备的安全生产技能和知识。在没有取得操作合格证之前,不允许单独上岗作业。

(4)职业病防治知识教育培训

职业病防治技术是防止由环境中的生产性有毒有害因素引起劳动者的机体病变,导致职业病而采取的技术措施。职业病防治技术知识,是从事有害健康的从业人员应知应会的内容。职业病防治技术知识教育的目的,是使广大从业人员熟知生产劳动过程和生产环境中对人体健康有害的因素,并积极采取防治措施,保护从业人员的身体健康。其主要内容有工业防毒技术、工业防尘技术、噪声控制技术、振动控制技术、射频控制技术、高温作业技术、激光保护技术等。

4. 安全生产经验教训教育

安全生产中的经验和教训是从业人员身边生动的教育材料,对提高从业人员的安全知识水平,增强安全意识有着十分重要的意义。

安全生产教育是广大从业人员从实践中摸索和总结出的安全生产成果,是防止事故发生的措施,是安全技术、安全管理方法、安全管理理论的基础。及时总结、推广先进经验,既可以使被宣传的单位和个人受到鼓舞,激励他们再接再厉,又可以使其他单位和个人受到教育和启发。

与经验对应的是教训。教训往往付出了沉重的代价,因而它的教育意义也就十分深刻。宣传教育是从反面指导从业人员应该如何避免重复事故发生,消除不安全因素,促进安全生产。因此,结合本企业、外企业的事故教训对员工进行教育,也是安全教育的一项重要内容。

三、安全生产培训的形式和方法

职工安全生产培训的形式和方法一般有:"三级教育",特种作业人员教育,经常性的安全教育,"四新"、"复工"、"调岗"人员安全生产培训。

1. 三级安全教育

三级安全教育是指新入厂职员、工人的厂级安全教育、车间级安全教育和岗位(工段、班组)安全教育。三级安全教育制度是企业安全教育的基本教育制度。

(1)入厂教育

对新入厂的工人必须进行厂一级的安全培训教育。教育方法可根据本企业生产设备的复杂情况和人数的多少、文化程度的高低等不同情况,采取不同方法进行。如人数较少,可以个别谈话讲解安全守则,指定阅读有关文件;如人数较多,可以采取集体上课的方式。其培训教育主要内容为:①讲解劳动保护的意义、任务、内容和其重要性,使新入厂的职工树立起"安全第一"和"安全生产人人有责"的思想;②介绍企业的安全概况,包括企业安全工作发展史,企业生产特点,工厂设备分布情况(重点介绍接近要害部位、特殊设备的注意事项),工厂安全生产的组织;③介绍企业职工奖惩条例以及企业内设置的各种警告标志和信号装置等;④介绍企业典型事故案例和教训,抢险、救灾、救人常识以及工伤事故报告程序等。

(2)车间教育

这是新工人或调动工作的工人被分配到车间后所进行的车间一级安全培训教育。教育内容主要指本车间的劳动纪律和危险场所,有毒有害作业的情况及其安全注意事项,本车间安全生产情况,以及典型案例等。教育方法,一般由车间主任负责个别谈话或讲课,讲课前先由车间安全员带来新工人进行实地参观等。

(3)岗位教育

这是新工人或调动工作的工人,到工作岗位开始工作之前的安全培训教育。介绍本生产班组安全生产概况、工作性质及职责范围;新工人将要从事的生产工作性质,必要的安全知识和各种机器设备及其安全防护设施的性能与作用;工作地点和环境的卫生注意事项;容易发生的事故或有毒有害的作业点;个人防护用品的正确使用和保管等。其方法一般采用"以老带新"或"师徒包教包学"等方法。教育重点:劳动防护用品穿戴要求,安全防护设备的使用规定,容易发生的事故案例。

2. 对特种作业职工的培训教育

对从事特种作业的工种(特种作业分类由国家安全生产监督管理机构指定颁布),必须进行专门训练,并经过严格的考试合格,发给特种作业的工种安全操作证后,才准上岗操作。企业对上述特种作业人员要提供方便,坚决执行岗位培训制度,教育方法除根据不同岗位的要求进行专门培训外,还要因人因地而异,灵活掌握运用。

3. 经常性的安全培训教育

经常性安全培训教育方法主要有安全周、安全活动月、安全会议、班前班后会、讲座、座谈、现场事故分析会、安全教育会、安全知识竞赛等等。开展经常性安全培训教育,应注意掌握事故发生规律,把事故消灭在萌芽状态。如老员工有生产经验,容易发生麻痹思想;新员工缺乏安全生产知识,容易冒险作业;节假日前后,有些员工思想不集中,容易发生事故;掀起生产高潮时,月末、季末、年末抢任务,容易忽视安全等等。掌握了这些规律,我们就可以及时地开展针对性的安全培训教育,取得安全生产的主动权。

4."四新"、"复工"、"调岗"人员安全培训教育

(1)"四新"安全教育,是指凡是采用新技术、新工艺、新材料,试制新产品的车间必须做好从事该作业的安全技术知识教育,在未掌握基本性能和安全知识前不准单独操作。

(2)"复工"安全教育,主要是针对离开操作岗位较长时间的工人进行的安全培训教育。一般因各种原因离开操作岗位一个月以上者,都要由车间主任或安全员对其进行"复工"安全教育,接受"复工"教育的工人,由车间出具"复工通知单"交给"复工"者,工段、班组接到本人送交的"复工通知单"后,方可安排其工作。

(3)"调岗"安全教育,工人在本车间临时性调动岗位和由甲单位调到乙单位临时帮忙工作,由接受车间进行所担任岗位的安全教育。

四、安全生产培训的目的

(1)为加强和规范生产经营单位安全培训工作,提高从业人员安全素质,防范伤亡事故,减轻职业危害。

(2)熟悉并能认真贯彻执行安全生产方针、政策、法律、法规及国家标准、行业标准。

(3)基本掌握本行业、本工作领域有关的安全分析、安全决策、事故预测和防范等方面的知识。

(4)熟悉安全管理知识,具有组织安全生产检查、事故隐患整改、事故应急处理等方面的组织管理能力。

(5)了解其他与冶金行业、本工作领域有关的必要的安全生产知

识与能力。

五、安全生产培训的意义

1. 提高安全生产的意识

这是安全生产培训的主要目的之一,没有一个重视安全生产的意识,是不可能做到安全生产这四个字的。而现在存在的普遍情况是广大经营者、劳动者安全意识非常薄弱,也正是这一因素,导致安全事故越来越多,本可以避免的一些事故,也还是层出不穷地发生。所以,安全生产培训的主要目的是提高员工的安全生产意识,并带动所有员工树立良好的安全生产意识。

2. 增加安全生产的知识

有了安全生产意识,并不能完全遏制安全事故的发生,还应具备丰富的安全生产知识,很多经营者只是对安全生产有个大概的认识,对具体的安全生产知识、理论并不熟悉,所以通过安全生产培训可以增加自身的安全生产知识,将所学的知识运用到日常管理中,遏制企业的安全事故。

3. 消灭安全事故的苗头

安全生产,重在预防,如何有效地将事故在萌芽状态中消灭,这就涉及企业平时的管理制度,特别是隐患排查制度是否得到严格的执行。而通过培训,可帮助企业更好地开展隐患排查,从而在源头上消灭安全事故的苗头。

4. 减少安全事故的发生

安全事故是衡量一家企业是否成功地开展安全工作的唯一标准。通过培训,可以大大提高各企业负责人对安全生产的重视,继而减少安全事故的发生。

第四节 劳动防护用品的正确使用与维护

一、概述

劳动防护用品也称个人防护装备,是指由生产经营单位为从业人员配备的,使其在劳动过程中免遭或者减轻事故伤害及职业危害的个人防护装备。它是生产过程中安全与健康的一种防御性装备,也是预防伤亡事故发生、减少职业危害、保障经济建设与发展的重要措施。

劳动防护用品分为一般劳动防护用品和特种劳动防护用品。一般劳动防护用品是指适用于一般环境下作业使用的防护用品,如工作服、工作帽、工作手套等。特种劳动防护用品是指对特种作业、危险作业等特殊环境下作业使用的劳动防护用品,如危险化学品操作人员佩戴的防毒面具、口罩,高空作业人员佩带的安全带,从事电器操作人员穿的绝缘鞋、绝缘靴等。

二、劳动防护用品的分类

按照 2005 年国家安全生产监督管理总局发布的《劳动防护用品监督管理规定》,劳动防护用品主要有以下三种分类方式。

1. 按照人体防护部位分类

(1)头部防护用品

头部防护用品是为防御头部不受外来物体打击和其他因素危害而配备的个人防护装备。根据防护功能要求,主要有一般防护帽、防尘帽、防水帽、防寒帽、安全帽、防静电帽、防高温帽、防电磁辐射帽、防昆虫帽九类产品。

（2）呼吸器官防护用品

呼吸器官防护用品是为防御有害气体、蒸气、粉尘、烟、雾经呼吸道吸入，或直接向使用者供氧或清净空气，保证尘、毒污染或缺氧环境中作业人员正常呼吸的防护用具。呼吸器官防护用品主要分为防尘口罩和防毒口罩（面具）两类，按功能又可分为过滤式和隔离式两类。

（3）眼面部防护用品

眼面部防护用品是预防烟雾、尘粒、金属火花和飞屑、热、电磁辐射、激光、化学飞溅物等因素伤害眼睛或面部的个人防护用品。眼面部防护用品种类很多，根据防护功能，大致可分为防尘、防水、防冲击、防高温、防电磁辐射、防射线、防化学飞溅、防风沙、防强光九类。目前我国普遍生产和使用的主要有焊接护目镜和面罩、炉窑护目镜和面罩以及防冲击眼护具三类。

（4）听觉器官防护用品

听觉器官防护用品是能防止过量的声能侵入外耳道，使人耳避免噪声的过度刺激，减少听力损失，预防由噪声对人身引起的不良影响的个体防护用品。听觉器官防护用品主要有耳塞、耳罩和防噪声耳帽三类。

（5）手部防护用品

手部防护用品是具有保护手和手臂功能的个体防护用品。通常称为劳动防护手套。手部防护用品按照防护功能分为十二类，即一般防护手套、防水手套、防寒手套、防毒手套、防静电手套、防高温手套、防 X 射线手套、防酸碱手套、防油手套、防振手套、防切割手套、绝缘手套。每类手套按照材料又能分为许多种。

（6）足部防护用品

足部防护用品是防止生产过程中有害物质和能量损伤劳动者足部的护具，通常称为劳动防护鞋。足部防护用品按照防护功能分为防尘鞋、防水鞋、防寒鞋、防足趾鞋、防静电鞋、防高温鞋、防酸碱鞋、防油鞋、防烫脚鞋、防滑鞋、防刺穿鞋、电绝缘鞋、防震鞋十三类,每类鞋根据材质不同又能分为许多种。

(7)躯干防护用品

躯干防护用品就是通常讲的防护服。根据防护功能,防护服分为一般防护服、防水服、防寒服、防砸背心、防毒服、阻燃服、防静电服、防高温服、防电磁辐射服、耐酸碱服、防油服、水上救生衣、防昆虫服、防风沙服十四类,每一类又可根据具体防护要求或材料分为不同品种。

(8)护肤用品

护肤用品是用于防止皮肤(主要是面、手等外露部分)免受化学、物理等因素危害的个体防护用品。

按照防护功能,护肤用品分为防毒、防腐、防射线、防油漆及其他类。

(9)防坠落用品

防坠落用品是防止人体从高处坠落的整体及个体防护用品。个体防护用品是通过绳带,将高处作业者的身体系接于固定物体上,整体防护用品是在作业场所的边沿下方张网,以防不慎坠落,主要有安全网和安全带两种。安全网是应用于高处作业场所边侧立装或下方平张的防坠落用品,用于防止和挡住人和物体坠落,使操作人员避免或减轻伤害的集体防护用品。根据安装形式和目的,分为立网和平网。安全带按使用方式,分为围杆安全带和悬挂、攀登安全带两类。

2. 按照防护性能分类

(1)安全帽类。是用于保护头部,防撞击、挤压伤害、防物料喷溅、防粉尘等的护具。主要有玻璃钢、塑料、橡胶、玻璃、胶纸、防寒和竹藤安全帽以及防尘帽等。

(2)呼吸护具类。是预防尘肺和职业病的重要护品。按用途分为防尘、防毒、供氧三类,按作用原理分为过滤式、隔绝式两类。

(3)眼防护具。用以保护作业人员的眼睛、面部,防止外来伤害。

分为焊接用眼防护具、炉窑用眼护具、防冲击眼护具、微波防护具、激光防护镜以及防 X 射线、防化学、防尘等眼护具。

(4)听力护具。长期在 90 dB(A)以上或短时在 115 dB(A)以上环境中工作时应使用听力护具。听力护具有耳塞、耳罩和帽盔三类。

(5)防护鞋。用于保护足部免受伤害。目前主要产品有防砸、绝缘、防静电、耐酸碱、耐油、防滑鞋等。

(6)防护手套。用于手部保护,主要有耐酸碱手套、电工绝缘手套、电焊手套、防 X 射线手套、石棉手套等。

(7)防护服。用于保护职工免受劳动环境中的物理、化学因素的伤害。防护服分为特殊防护服和一般作业服两类。

(8)防坠落护具。用于防止坠落事故发生。主要有安全带、安全绳和安全网。

(9)护肤用品。用于外露皮肤的保护。分为护肤膏和洗涤剂。

3. 按防护用途分类

防尘用品,防毒用品,防酸碱制品,耐油制品,绝缘用品,耐高温辐射用品,防噪声用品,防冲击用品,防放射性用品,防水用品,涉水作业用品,高处作业用品,防微波和激光辐射用品,防机械外伤和脏污用品,防寒用品,农业作业用品等。

三、劳动防护用品的正确使用

1. 安全帽的正确使用

(1)任何人进入生产现场或在厂区内外从事生产和劳动时,必须戴安全帽(国家或行业有特殊规定的除外;特殊作业或劳动,采取措施后可保证人员头部不受伤害并经过安监部门批准的除外)。

(2)戴安全帽时,必须系紧安全帽带,保证各种状态下不脱落;安全帽的帽檐,必须与目视方向一致,不得歪戴或斜戴。

(3)不能私自拆卸帽上的部件和调整帽衬尺寸,以保持垂直间距和水平间距符合有关规定值,用来预防冲击后触顶造成的人身伤害。

(4)严禁在帽衬上放任何物品。严禁随意改变安全帽的任何机件。严禁用安全帽充当器皿使用。严禁用安全帽当坐垫使用。

(5)安全帽必须有说明书,并指明使用场所以供作业人员合理使用。

(6)应经常保持帽衬清洁,不干净时可用肥皂水和清水冲洗。用完后不能放置在酸碱、高温、日晒、潮湿和有化学溶剂的场所。

(7)使用中受过较大冲击的安全帽不能继续使用,应更换新帽。

(8)若帽壳、帽衬老化或损坏,降低了耐冲击和耐穿透性能,不得继续使用,要更换新帽。

(9)防静电安全帽不能作为电工用安全帽使用,以免造成触电。

(10)安全帽从购入时算起,植物帽一年半使用有效,塑料帽不超过两年,层压帽和玻璃钢帽两年半,橡胶帽和防寒帽三年,乘车安全帽为三年半。上述各类安全帽超过其一般使用期限易出现老化,丧失安全帽的防护性能。

2. 防尘口罩、面罩的正确使用

(1)作业场所除粉尘外,还伴有有毒的雾、烟、气体或空气中氧含量不足 18% 时,应选用隔离式防尘用具,禁止使用过滤式防尘用具。

(2)淋水、湿式作业场所。选用的防尘用具应带有防水装置。

(3)劳动强度大的作业,应选用吸气阻力小的防尘用具。有条件时,尽量选用送风式口罩或面罩。

(4)使用前要检查部件是否完整,如有损坏必须及时修理或更换。此外,应注意检查各连接处的气密性,特别是送风口罩或面罩,看接头、管路是否畅通。

(5)佩戴要正确,系带和头箍要调节适度,对面部应无严重压迫感。

(6)复式口罩和送风口罩头盔的滤料要定期更换,以免增大阻力。电动送风口罩的电源要充足,按时充电。

(7)各式口罩的主体(口鼻罩)脏污时,可用肥皂水洗涤。洗后应在通风处晾干,切忌曝晒、火烤,避免接触油类、有机溶剂等。

(8)防尘用具宜专人专用。使用后及时装塑料袋内,避免挤压、损坏。

(9)对于长管面具,在使用前应对导气管进行查漏,确定无漏洞时才能使用。导气管的进气端必须放置在空气新鲜、无毒无尘的场所中。所用导气管长度以 10 m 内为宜,以防增加通气阻力。当移动作业地点时,应特别注意不要猛拉、猛拖导气管,并防止压、戳、拆等动作导致导气管破裂。

3. 防毒口罩、面具的正确使用

防毒面具、口罩可分为过滤式和隔离式两类。过滤式防毒用具是通过滤毒罐、盒内的滤毒药剂滤除空气中的有毒气体再供人呼吸。因此劳动环境中的空气含氧量低于 18% 时不能使用。通常滤毒药剂只能在确定了毒物种类、浓度、气温和一定的作业时间内起防护作用。所以过滤式防毒口罩、面具不能用于险情重大、现场条件复杂多变和有两种以上毒物的环境中作业;隔离式防毒用具是依靠输气导管将无污染环境中的空气送入密闭防毒用具内供作业人员呼吸。它使用于缺氧、毒气成分不明或浓度很高的污染环境。

(1)使用防毒口罩时,严禁随便拧开滤毒盒盖,避免滤毒盒剧烈震动,以免引起药剂松散;同时应防止水和其他液体滴溅到滤毒盒上,否则降低防毒效能。

(2)使用防毒口罩过程中,对有臭味的毒气,当嗅到轻微气味时,说明滤毒盒内的滤毒剂失效。对于无味毒气,则要看安装在滤毒盒里的指示纸或药剂的变色情况而定。一旦发现防毒药剂失效,应立刻离开有毒场所,并停止使用防毒口罩,重新更换药剂后方可使用。

(3)佩戴防毒口罩时,系带应根据头部大小调节松紧,两条系带应自然分开套在头顶的后方。过松和过紧都容易造成漏气或感到不舒服。

（4）防毒面具使用中应注意正确佩戴，如头罩一定要选择合适的规格，罩体边缘与头部贴紧。另外，要保持面具内气流畅通无阻，防止导气管扭弯压住，影响通气。

（5）当在作业现场突然发生意外事故出现毒气而作业人员一时无法脱离时，应立即屏住气，迅速取出面罩戴上；当确认头罩边缘与头部密合或佩戴正确后，猛呼出面具内余气，方可投入正常使用。

（6）防毒面具某一部件损坏，以致不能发挥正常作用，而且来不及更换面具的情况下，使用者可采取下列应急处理方法，然后迅速离开有毒场所：

①头罩或导气管发现孔洞时，可用手捏住。若导气管破损，也可将滤毒罐直接与头罩连接使用，但应注意防止因罩体增重而发生移位漏气。

②呼气阀损坏时，应立即用手堵住出气孔，呼气时将手放松吸气时再堵住。

③发现滤毒罐有小孔洞时，可用手、黏土或其他材料堵塞。

（7）使用后的防毒面具，要清洗、消毒、洗涤后晾干，切勿火烤、曝晒，以防材料老化。滤毒罐用后，应将顶盖、底塞分别盖上、堵紧，防止滤毒剂受潮失效。对于失效的滤毒罐，应及时报废或更换新的滤毒剂和作再生处理。

（8）暂时不用的防毒面具，应在橡胶部件上均匀撒上滑石粉，以防黏合。现场备用的面具，放置在专用的柜内，并定期维护和注意防潮。

4. 焊接用眼镜、面罩的正确使用

据统计，电光性眼炎在冶金企业的焊接作业中比较常见，其主要原因在于挑选的防护眼镜不合适。因此有关的作业人员应掌握下列一些使用防护眼镜的基本办法：

（1）使用的眼镜和面罩必须经过有关部门检验。

（2）挑选、佩戴合适的眼镜和面罩，以防作业时脱落和晃动，影响使用效果。

（3）眼镜框架与脸部要吻合，避免侧面漏光。必要时应使用带有护眼罩或防侧光型眼镜。

（4）防止面罩、眼镜受潮、受压，以免变形损坏或漏光。焊接用面罩应该具有绝缘性，以防触电。

（5）使用面罩式护目镜作业时，累计8小时至少更换一次保护片。防护眼镜的滤光片被飞溅物损伤时，要及时更换。

（6）保护片和滤光片组合使用时，镜片的屈光度必须相同。

（7）对于送风式、带有防尘、防毒面罩的焊接面罩，应严格按照有关规定保养和使用。

（8）当面罩的镜片被作业环境的潮湿烟气及作业者呼出的潮气罩住，使其出现水雾，影响操作时，可采取下列措施解决：

①水膜扩散法。在镜片上涂上脂肪酸或硅胶系的防雾剂，使水雾均等扩散。

②吸水排除法。在镜片上浸涂界面活性剂（PC树脂系），将附着的水雾吸收。

③真空法。对某些具有二重玻璃窗结构的面罩，可采取在二层玻璃间抽真空的方法。

5. 听觉器官防护用品的正确使用

（1）佩戴耳塞时，先将耳廓向上提起使外耳道口呈平直状态，然后手持塞柄将塞帽轻轻推入外耳道内与耳道贴合。

（2）不要使劲太猛或塞得太深，以感觉适度为止，如隔声不良，可将耳塞慢慢转动到最佳位置；隔声效果仍不好时，应另换其他规格的耳塞。

（3）使用耳塞及防噪声头盔时，应先检查罩壳有无裂纹和漏气现象。佩戴时应注意罩壳标记顺着耳型戴好，务必使耳罩软垫圈与周围皮肤贴合。

（4）在使用护耳器前，应用声级计定量测出工作场所的噪声，然后算出需衰减的声级,以挑选适用规格的护耳器。

(5)防噪声护耳器的使用效果不仅决定于这些用品质量好坏,还需使用者养成耐心使用的习惯和掌握正确佩戴的方法。如只戴一种护耳器隔声效果不好,也可以同时戴上两种护耳器,如耳罩内加耳塞等。

6. 防护手套的使用方法

(1)首先应了解不同种类手套的防护作用和使用要求,以便在作业时正确选择,切不可把一般场合用手套当做某些专用手套使用。如棉布手套、化纤手套等作为防振手套来用,效果很差。

(2)在使用绝缘手套前,应先检查外观,如发现表面有孔洞、裂纹等应停止使用。绝缘手套使用完毕后,按有关规定保存好,以防老化造成绝缘性能降低。使用一段时间后应复检,合格后方可使用。使用时要注意产品分类色标,像 1 kV 手套为红色、7.5 kV 为白色、17 kV为黄色。

(3)在使用振动工具作业时,不能认为戴上防振手套就安全了。应注意工作中安排一定的时间休息,随着工具自身振频提高,可相应将休息时间延长。对于使用的各种振动工具,最好测出振动加速度,以便挑选合适的防振手套,取得较好的防护效果。

(4)在某些场合下,所有手套大小应合适,避免手套指过长,被机械绞或卷住,使手部受伤。

(5)对于操作高速回转机械作业时,可使用防振手套。某些维护设备和注油作业时,应使用防油手套,以避免油类对手的侵害。

(6)不同种类手套有其特定用途的性能,在实际工作时一定结合作业情况来正确区分和使用,以保护手部安全。

7. 安全带的正确使用

(1)在使用安全带时,应检查安全带的部件是否完整,有无损伤,金属配件的各种环不得是焊接件,边缘光滑,产品上应有"安鉴证"。

（2）使用围杆安全带时，围杆绳上有保护套，不允许在地面上随意拖着绳走，以免损伤绳套，影响主绳。

（3）悬挂安全带不得低挂高用，因为低挂高用在坠落时受到的冲击力大，对人体伤害也大。

（4）当上方有热工作业时，在其下方不得使用安全带，防止烧蚀安全带。

8. 空气呼吸器的正确使用

（1）检查空气呼吸器

①各部件是否完好，气瓶束带是否扣紧。

②瓶阀是否处于关闭状态。

③打开瓶阀，压力表指针应在绿色格之内。

④关闭瓶阀，观察压力表，在一分钟内压力的下降不得大于 2 MPa。

⑤打开强制供气阀，缓慢释放管路中的气体，同时观察压力表的变化。当压力表显示到 5.5 ± 0.5 MPa 时，报警哨必须开始报警。

（2）背好气瓶（将空气瓶瓶底朝上背在背后）

①双手扣住身体两侧的肩带 D 型环，身体前倾，向后下方拉紧 D 型环直到肩带、背架与身体充分贴合。

②扣上腰带，拉紧。

③打开气瓶阀一圈以上。

（3）戴好面罩

①充分放松头带，戴上面罩，先适当收紧下部一对头带，然后调整上部两对头带，使面罩与面部良好贴合。头带不必收得过紧，面部应感觉舒适无明显压痛。

②检查面罩的气密性：用手掌封紧面具的接气口并吸气，如果感到无法呼吸且面罩充分贴合面部，证明密封良好，没有泄漏。如果可以呼吸或面罩滑动说明有泄漏，调整面具头带后，重新测漏直至不漏为止。

（4）连接气瓶供气阀与面罩

①将供气阀推进面具上的接气口内，听到"喀哒"的声音，同时快速接口的两侧按钮同时复位，则表示供气阀与面具连接到位。

②反复呼吸 12 次检查空气流量。

③快速转动红色圆钮打开气瓶时，你会感觉空气的气流有所增加。

以上步骤完全通过，就可以放心使用了。

当报警哨开始鸣叫报警时，必须立即撤离有毒工作环境，转移到安全区域。否则将有生命危险。

（5）使用完毕取下空气呼吸器

①按下供气阀快速接口两侧的黄色按钮，使面罩与供气阀脱离。

②扳开头带扳口，松开头带，卸下面罩。

③打开腰扣带。

④松开肩带，卸下呼吸器。

⑤关闭瓶阀，打开强制供气阀释放管路中的空气。

⑥将空气呼吸器收好放在专用空气呼吸器箱内。千万不能将空气呼吸器随意扔在地上，否则会对空气呼吸器造成严重损害。

9. 绝缘鞋（靴）的正确使用（电工、焊工必备）

（1）应根据作业场所电压高低正确选用绝缘鞋，低压绝缘鞋禁止在高压电气设备上作为安全辅助用具使用，高压绝缘鞋（靴）可以作为高压和低压电气设备上辅助安全用具使用。但不论是穿低压或高压绝缘鞋（靴），均不得直接用手接触电气设备。

（2）布面绝缘鞋只能在干燥环境下使用，避免布面潮湿。

（3）穿用绝缘鞋时，应将裤管套入靴筒内。穿用绝缘鞋时，裤管不宜长及鞋底外沿条高度，更不能长及地面，保持布帮干燥。

（4）非耐酸碱油的橡胶底，不可与酸碱油类物质接触，并应防止尖锐物刺伤。低压绝缘鞋若鞋底花纹磨光，露出内部颜色时则不能作为绝缘鞋使用。

(5)在购买绝缘鞋（靴）时,应检查鞋上是否有绝缘永久标记,如红色闪电符号、鞋底有耐电压多少伏等标志;鞋内是否有合格证、安全鉴定证、生产许可证编号等。

10. 劳动防护服的正确使用

(1)正确穿戴工作服,可协助调节体温,保护皮肤,以达到防水、防火、防毒、防热辐射等目的。穿戴工作服是否合理,直接关系到人体的健康。

(2)高温环境下工作时,接触热辐射量大,因此,在高温条件下工作时穿着的工作服应尽量采用厚而软的布料。另外,高温下工作出汗多,有些人喜欢上身赤膊,这样会导致热辐射灼伤皮肤,使皮肤热而干,降低散热功能,还容易使身体受伤。因此高温下工作不但应该穿工作服,而且应当穿比较厚的长袖衣服和长裤。

(3)选择的工作服要大小适中,适合自己的身材。不能太大,也不能太小。

(4)裤子要系皮带,裤门扣子要扣好,裤脚平踝关节下 2 cm,不能太长,裤脚在地上拖,也不能太短,不能裸露腿部皮肤。

(5)衣服穿要戴整齐,胸扣要扣好,袖扣要扣好。不能裸露手臂。

四、劳动防护用品的维护

(1)劳动防护用品的发放标准和发放周期,由使用单位的安全、技术部门根据《劳动防护用品配备标准》,根据各工种的劳动环境和劳动条件,配备具有相应安全、卫生性能的劳动防护用品。

(2)对于生产中必不可少的安全帽、安全带、绝缘护品,防毒面具,防尘口罩等职工个人特殊劳动防护用品,必须根据特定工种的要求配备齐全,并保证质量。

(3)安全、技术部门应对购进的劳动防护用品进行验收。安全、技术部门和工会组织进行督促检查。

(4)使用单位采购、发放和使用的特种劳动防护用品必须具有安全生产许可证、产品合格证和安全鉴定证。对一般劳动防护用品,应该严格执行其相应的标准。

(5)防毒面具的发放应根据作业人员可能接触毒物的种类,准确地选择相应的滤毒罐(盒),每次使用前应仔细检查是否有效,并按国家标准规定,定期更换滤毒罐(盒)。

(6)生产管理、安全、技术部门等有关人员,应根据其经常进入的生产区域,配备相应的劳动防护用品。

(7)使用单位应有公用的安全帽、工作服,供外来参观、学习、检查工作人茁临时借用。公用的劳动防护用品应保持整洁,专人保管。

(8)一般个人劳动保护用品必须按照规定的时间按时发放,不得拖延。特殊劳动保护用品,若需要时可向责任劳动保护用品发放的部门提出申请经同意后发放。

(9)建立和健全劳动防护用品发放登记台账。按时记载发放劳动防护用品情况和办理调转手续。定时核对工种岗位劳动防护用品的种类和使用期限。

(10)劳动防护用品应定期检查,失效后应报废。

第五节 用电安全常识

一、电的基本知识

(1)电流:在电场力的作用下,电荷作有规则的运动,形成电流,电流的大小等于单位时间内通过导体截面的电量,也称为电流强度。

(2)电压:电压就是电场或电路中两点之间的电位差,电压的基本单位是伏特。

(3)直流电:电流在导体中流动时,其大小和方向不随时间变化的叫直流电。

(4)交流电:交流电一般分为单相交流电和三相交流电。交流电的电流和电压的方向和大小都是按一定规律周期性变化的,其每分钟交变的次数叫做频率。我国通常使用交流电的频率为 50 Hz。

(5)短路:电流是流经导线和用电负载,再回到电源上形成一个闭合回路的。如果在电流通过的电路中,有两根导线碰在一起,或者两根导线被其他电阻很小的物体连接起来时,就形成短路。

(6)低压电和高压电:一般多以对地电压 250 V 作为划分交流电高、低压的界限。凡设备对地电压大于 250 V 者称为高压电,如 10 kV、35 kV 等。凡对地电压为 250 V 以下者称为低压电,如 220 V。

(7)安全电压:为防止触电事故而采用的由特定电源供电的电压系列。这个电压系列的上限值,在任何情况下,两导体间或任一导体与地之间均不得超过交流(50~500 Hz)有效值 50 V。

一般环境条件下允许持续接触的"安全特低电压"是 24 V。安全电压额定值的等级为 42 V、36 V、24 V、12 V、6 V。当电气设备采用了超过 24 V 的安全电压时,必须采取防直接接触带电体的保护措施。

二、电的危害

随着科学技术的发展,冶金行业的电气化程度不断提高,由于电传递速度快、形态特殊、转化形式多样、电网络性强等特点,如果电气设备的结构和装置不完善或者操作不当就会引起电气事故,影响生产,甚至危及人身安全,所以新工人应该认真学习掌握一定的电气安全技术,确保用电设备使用安全。

根据电能的不用作业形式,电流对人体的伤害有三种:电击、电伤和电磁场伤害。

(1)电击是指电流通过人体,破坏人体心脏、肺及神经系统的正常功能。

(2)电伤是指电流的热效应、化学效用和机械效应对人体的伤害;主要是指电弧烧伤、熔化金属溅出烫伤等。

(3)电磁场生理伤害是指在高频磁场的作用下,人会出现头晕、乏力、记忆力减退、失眠、多梦等神经系统的症状。

一般认为,电流通过人体的心脏、肺部和中枢神经系统的危险性比较大,特别是电流通过心脏时,危险性最大。所以从手到脚的电流途径最为危险。触电还容易因剧烈痉挛而摔倒,导致电流通过全身并造成摔伤、坠落等二次事故。

三、人体对电流的反应

(1)0.6～1.5 mA,手指开始感觉发麻,无感觉。

(2)2～3 mA,手指感觉强烈发麻,无感觉。

(3)5～7 mA,手指肌肉感觉痉挛,手指感觉灼热和刺痛。

(4)8～10 mA,手指关节与手掌感觉痛,手已难以脱离电源,尚能摆脱电源,但灼热感增加。

(5)20～25 mA,手指感觉剧痛,迅速麻痹,不能摆脱电源,呼吸困难,灼热感更增强,手的肌肉开始痉挛。

(6)50～80 mA,呼吸麻痹,心房开始震颤,强烈灼痛,手的肌肉痉挛,呼吸困难。

(7)90～100 mA,呼吸麻痹,持续 3 min 或更长时间后,心脏麻痹或心房停止跳动。

从上述数据可以看出,当人体通过 0.6 mA 的电流,会引起人体麻刺的感觉;通过 20 mA 的电流,就会引起剧痛和呼吸困难;通过 50 mA 的电流就有生命危险;通过 100 mA 以上的电流,就能引起心脏麻痹、心房停止跳动,直至死亡。

四、触电危害程度的影响因素

人体触电后都将要威胁触电者的生命安全,其危险程度和下列因素有关。

1. 通过人体的电压

较高的电压对人体的危害十分严重,轻的引起灼伤,重的则足以使人致死。较低的电压,人体抵抗得住,可以避免伤亡。从人触碰的电压情况来看,一般除 36 V 以下的安全电压外,高于这个电压,人触碰后都将是危险的。

2. 通过人体的电流

决定于触电者接触到电压的高低和人体电阻的大小。人体接触的电压愈高,通过人体的电流愈大,只要超过 0.1 A 就能造成触电死亡。

3. 电流作用时间的长短

电流通过人体时间的长短,对于人体的伤害程度有很密切的关系。人体处于电流作用下,时间愈短获救的可能性愈大。电流通过人体时间愈长,电流对人体的机能破坏愈大,获救的可能性也就愈小。

4. 频率的高低

一般说来工频 50~60 Hz 对人体是最危险的。从电击观点来说,高频率电流的灼伤的危险性并不比直流电压和工频的交流电危险性小。此外,无线电设备、淬火、烘干和熔炼的高频电气设备,能辐射出波长 1~50 cm 的电磁波。这种电磁波能引起人体体温增高、身体疲乏、全身无力和头痛失眠等病症。

5. 电流通过人体的途径

电流通过人体时,可使表皮灼伤,并能刺激神经,破坏心脏及呼吸器官的机能。电流通过人体的路径,如果是从手到脚中间经过重要器官(心脏)时最为危险;电流通过的路径如果是从脚到脚,则危险性较小。实际上触电时电流通过人体的途径决定了心脏所通过电流的多少。

6. 触电者的体质状况

人体是导电的,当触电后电压加到人体上时,就将有电流通过。这个电流与人的体质和当时皮肤的干湿程度有关。当皮肤潮湿时电阻就小,皮肤擦破时电阻更小,则通过的电流就大,触电时的危险程度也就大。同时与触电者的身体健康状况也有一定关系。如果触电者有心脏病、神经性疾病等,危险性就较健康的人大得多。

7. 人体的电阻

人触电时与人体的电阻有关。人体的电阻一般在 10000 ～ 100000Ω 之间,主要是皮肤角质层电阻最大。当皮肤角质层失去时,人体电阻就会降到 800～1000Ω。如果皮肤出汗、潮湿和有灰尘(金属灰尘、炭质灰尘)也会使皮肤电阻大大降低。

五、冶金企业触电事故的特点

(1)现场环境复杂,潮湿,高温,移动式设备和携带式设备多,现场金属设备多等不利因素。

(2)工人是设备操作的主体,他们直接接触电气设备,部分人员缺乏电气安全知识。

(3)设备不合格,带病运行,触电事故多。

(4)规章制度不严,误操作触电多。

(5)用电条件差,设备简陋,技术水平低,管理不严。

六、预防触电事故注意事项

(1)冶金车间的电器设备,电压较高,电流较大,如电动机、变压器、配电器以及裸露的粗电线或涂有红、黄、绿色的扁型金属条,都带有高压电流,绝对不要触摸。

(2)工厂、车间内的电气设备,不要随便乱动。自己使用的设备、工具,如果电气部分出了故障,不得私自修理,也不得带故障运行,应立即请电工检修。

(3)自己经常接触和使用的配电箱、配电板、闸刀开关、按钮开关、插座、插销以及导线等,必须保持完好、安全,不得破损或将带电部分裸露出来,如有故障及时通知电工维修。

(4)工厂内的移动式用电器具,如坐地式风扇、手提砂轮机、手电钻等电动工具都必须安装使用漏电保护开关,实行单机保护。漏电保护开关要经常检查,每月试跳不少于一次,如有失灵立即更换。保险丝烧断或漏电开关跳闸后要查明原因,排除故障后才可恢复送电。

(5)使用的电气设备,其外壳按有关安全规程,必须进行防护性接地或接零。对于接地或接零的设施要经常进行检查。需要移动某些非固定安装的电气设备必须先切断电源再移动。同时导线要收拾好,不得在地面上拖来拖去,以免磨损。

(6)要熟悉自己生产现场或宿舍主空气断路器(俗称总闸)的位置(如施工现场、车间、办公室、宿舍等),一旦发生火灾、触电或其他电气事故时,应在第一时间切断电源,避免造成更大的财产损失和人身伤亡事故。

(7)掌握正确触摸电器设备的方法:操作电器开关要单手;不要戴厚手套操作。同时操作开关时脸部要背向开关,以防开关出现故障而灼伤脸部。电器设备送电后,要先用手指末端的背面轻触设备判断设备是否漏电(不能轻信自动开关),在确保安全的前提下进行生产。

(8)发现有人触电,千万不要用手去拉触电者,要尽快拉开电源开关、用绝缘工具剪断电线,或用干燥的木棍、竹竿挑开电线,立即用正确的人工呼吸法进行现场抢救。拨打"120"急救电话报警。

(9)电缆或电线的接口或破损处要用电工胶布包好,不能用医用胶布代替,更不能用尼龙纸或塑料布包扎。不能用电线直接插入插座内用电。

(10)不要用湿手触摸灯头、开关、插头、插座或其他用电器具。开关、插座、用电器具损坏或外壳破损时应有专业人员及时修理或更换,未经修复不能使用。

(11)厂房内的电线不能乱拉乱接,禁止使用多接口和残旧的电线,以防触电。

(12)在雷雨天,不要走进高压电杆、铁塔、避雷针的接地导线周围 20 m 内。当遇到高压线断落时,周围 10 m 之内,禁止人员进入;若已经在 10 m 范围之内,应单足或并足跳出危险区。

(13)对设备进行维修时,一定要切断电源,并在明显处放置"禁止合闸,有人工作"的警示牌。

(14)电气作业应加强电气安全组织管理工作,严格执行工作票制度、监护制度和恢复送电制度。

第六节 消防安全常识

一、火灾

火灾是指在时间和空间上失去控制的燃烧所造成的灾害。在各种灾害中,火灾是最经常、最普遍地威胁公众安全和社会发展的主要灾害之一。冶金企业发生火灾的条件是:有可燃物质,如煤气等;有助燃物质,如空气中的氧等;有点火源,如明火、静电、电火花、冲击摩擦热、雷电、化学反应热、高温物体及热辐射等。

二、火灾的危害

冶金行业易燃、易爆物品较多,发生火灾后影响范围较大,后果严重,主要可能造成人员灼烫伤害、中毒窒息、设备损坏、环境污染等事故。

三、火灾事故的主要原因

1. 消防安全意识淡薄

大多数人认为火灾离自己很远，可能不会在自己身边发生，心存侥幸。在面对消防安全知识教育和培训时，认为是多此一举，没有必要；面对一些火灾案例和图片展时，只是觉得很凄惨，却没有从思想深处引起重视，因而在日常行为中表现得满不在乎。有的认为消防工作是领导的事情，与自己关系不大。

2. 消防基本知识贫乏

（1）不了解电气基本知识。许多人对基本的电气知识不了解，往往由于无知而造成火灾，诸如用铜丝代替保险丝、充电器长时间充电等都可埋下火灾隐患。

（2）不懂得灭火基本常识。初期火灾是最易扑救的，但部分人由于平时不注意对消防基本知识的学习，在发现火险火情后，不知如何处理，失去了最好的灭火时机，以致火势发展蔓延成灾。

四、预防火灾事故注意事项

1. 应加强防火的场所

油库、木模间、油漆间、变压器间、伴发热机房、电磁房、化验室、材料库房等。

2. 冶金企业消防安全常识

（1）企业应当严格遵守消防法律、法规、规章，贯彻"预防为主、防消结合"的消防工作方针，履行消防安全职责，保障消防安全。法人单位的法定代表人或者非法人单位的主要负责人是单位的消防安全责任人，对本单位的消防安全工作全面负责。单位应当落实逐级消防安全责任制和岗位消防安全责任制，明确逐级和岗位消防安全职责，确定各级、各岗位的消防安全责任人。

（2）企业应当建立健全各项消防安全制度，包括消防安全教育、培训；防火巡查、检查；安全疏散设施管理；消防（控制室）值班；消防设施、器材维护管理；火灾隐患整改；用火、用电安全管理；易燃易爆危险物品和场所防火防爆等内容。

（3）定期对本企业的消防设施、灭火器材和消防安全标志进行维护保养，确保其完好有效。要时刻保持防火门、防火卷帘、消防安全疏散指示标志、应急照明、机械排烟送风、火灾事故广播等设施处于正常工作状态。

（4）保证疏散通道、安全出口的畅通。不得占用疏散通道或者在疏散通道、安全出口上设置影响疏散的障碍物，不得在营业、生产、工作期间封闭安全出口，不得遮挡安全疏散指示标志。

（5）禁止在具有火灾、爆炸危险的场所使用明火；因特殊情况需要进行电、气焊等明火作业的，动火部门和人员应当严格按照单位的用火管理制度办理审批手续，落实现场监护人，配置足够的消防器材，并清除动火区域的易燃、可燃物。

（6）企业应当进行每日防火巡查，并确定巡查的人员、内容、部位和频次。

（7）新员工上岗前必须进行消防安全培训，具有火灾危险性的特殊工种、重点岗位员工必须进行消防安全专业培训，培训率要达100％，并持证上岗。

（8）企业职工要做到"三懂三会"，即懂得本岗位火灾危险性、懂得基本消防常识、懂得预防火灾的措施；会报火警、会扑救初起火灾、会组织疏散人员。

3. 常见的灭火方法

（1）发现火势较大，不能自行补救时，要立即疏散到安全地带，通过多种方式报警，报告消防部门和本单位相关人员。

（2）电器灭火方法。断电灭火，这是常用的方法，在切断电源后，可用普通的方法灭火。在不能断电的情况下，有二氧化碳、化学干粉等灭火剂灭火。严禁使用水和泡沫灭火器,因为它们都有导电的危险,会造成触电事故。

(3)油管、油门阀、地面起火,可用黄沙灭火。

(4)乙炔着火,首先关闭阀门,同时将黄沙或其他阻燃物盖在着火处。如不能扑灭,应使用二氧化碳或干粉灭火器灭火。

(5)因氧气助燃引起着火,应先关闭氧气阀门,切断气源,然后救火。

第七节　有限空间作业安全常识

一、有限空间作业的相关概念

有限空间是指封闭或部分封闭,进出口较为狭窄有限,未被设计为固定工作场所,自然通风不良,易造成有毒有害、易燃易爆物质积聚或氧含量不足的空间。

有限空间作业是指作业人员进入有限空间实施的作业活动。

二、有限空间的分类

有限空间分为三类:

(1)密闭设备:如船舱、贮罐、车载槽罐、反应塔(釜)、冷藏箱、压力容器、管道、烟道、锅炉等。

(2)地下有限空间:如地下管道、地下室、地下仓库、地下工程、暗沟、隧道、涵洞、地坑、废井、地窖、污水池(井)、沼气池、化粪池、下水道等。

(3)地上有限空间:如储藏室、酒糟池、发酵池、垃圾站、温室、冷库、粮仓、料仓等。

三、有限空间作业的危险性

1. 中毒危害

有限空间容易积聚高浓度的有毒有害物质。有毒有害物质可以是原来就存在于有限空间内的,也可以是作业过程中逐渐积聚的,比较常见的有:

(1)硫化氢。如清理、疏通下水道、粪便池、窨井、污水池、地窖等作业容易产生硫化氢。

(2)一氧化碳。如在市政建设、道路施工时,损坏煤气管道,煤气渗透到有限空间内或附近民居内,造成一氧化碳积聚,以及在设备检修时,设备内残留的一氧化碳泄漏等。

(3)苯、甲苯、二甲苯。如在有限空间内进行防腐涂层作业时,由于涂料中含有的苯、甲苯、二甲苯等有机溶剂的挥发,造成有毒物质的浓度逐步增高等。

2. 缺氧危害

空气中氧浓度过低会引起缺氧。

(1)二氧化碳。由于二氧化碳比空气重,在长期通风不良的各种矿井、地窖、船舱、冷库等场所内部,二氧化碳易挤占空间,造成氧气浓度低,引发缺氧。

(2)惰性气体。工业上常用惰性气体对反应釜、贮罐、钢瓶等容器进行冲洗,容器内残留的惰性气体过多,当工人进入时,容易发生单纯性缺氧或窒息。氮气、甲烷、丙烷也可导致缺氧或窒息。

3. 燃爆危害

空气中存在易燃、易爆物质,浓度过高遇火会引起爆炸或燃烧。

4. 其他危害

其他任何威胁生命或健康的环境条件。如坠落、溺水、物体打击、电击等。

四、有限空间作业所需应急救援装备

生产经营单位进行有限空间作业前,应为应急人员配备:

(1)全面罩正压式空气呼吸器或长管面具等隔离式呼吸保护器具;

(2)应急通讯报警器材;

(3)现场快速检测设备;

(4)大功率强制通风设备;

(5)应急照明设备;

(6)安全绳、救生索和安全梯。

五、有限空间作业安全注意事项

(1)进入作业现场前,要详细了解现场情况,对作业现场进行危害识别和评估,并有针对性地准备检测与防护器材;

(2)进入作业现场后,首先对有限空间进行氧气、可燃气、硫化氢、一氧化碳等气体检测,确认安全后方可进入;

(3)对作业面可能存在的电、高低温及危害物质进行有效隔离;

(4)采取通风净化等措施,使有限空间工作条件符合要求;

(5)进入有限空间时应佩戴隔离式空气呼吸器或佩带氧气报警器和正确的过滤式空气呼吸器;

(6)进入有限空间时应佩带有效的通讯工具,系安全绳;

(7)当发生急性中毒、窒息事故时,救援人员应在做好个体防护并佩戴必要的救援设备的前提下,才能进行救援。严禁贸然施救,造成不必要的伤亡。

(8)有限空间发生事故后,生产经营单位首先应及时向所在区县政府、安全生产监督部门和相关行业监督部门报告,并立即启动应急预案并按预案相应程序,组织专业应急救援人员开展救援。在没有或自身救援技术、装备无法施救的情况下,应及时联系专业救援单位开展救援(如消防部门),并提供有限空间各种数据资料。严禁盲目施救,造成事故的进一步扩大。

第八节　高处作业安全常识

一、高处作业的相关概念

高处作业,国家标准《高处作业分级》(GB/T 3608—2008)将其定义为:在坠落高度基准面 2 m 以上(含 2 m)有可能坠落的高处进行的作业。

坠落高度基准面,是指通过最低坠落着落点的水平面,即坠落下去的地面,如地面、楼面、楼梯平台、相邻较低建筑物的屋面、基坑的面积等。最低坠落着落点,是指在作业位置可能坠落到的最低点。高处作业高度,是指作业区各作业位置至相应坠落高度基准面之间的垂直距离中的最低值。

可能坠落范围是指以作业位置为圆心,R 为半径所作的圆。高处作业可能坠落范围半径 R,根据高处作业高度 h 不同,分别是:①当高度 h 为 2 m 至 5 m 时,半径 R 为 3 m;②当高度 h 为 5 m 至 15 m 时,半径 R 为 4 m;③当高度 h 为 15 m 以上至 30 m 时,半径 R 为 5 m;④当高度 h 为 30 m 以上时,半径 R 为 6 m。

我们把在特殊和恶劣条件下的高处作业称为特殊高处作业。特殊高处作业包括强风、高温、雪天、雨天、夜间、带点、悬空、抢险的高处作业。

在施工现场高处作业中,如果未防护、防护不好或作业不当都可能发生人或物的坠落。人从高处坠落的事故,称为高处坠落事故,物体从高处坠落砸到下面人的事故,就是物体打击事故。

二、高处作业的种类

建筑施工中的高处作业主要包括临边、洞口、攀登、悬空、交叉作业五种基本类型。

(1)临边作业

临边作业是指施工现场作业中,工作面边沿无围护设施或围护设施高度低于 80 cm 时的高处作业。临边高度越高,危险性就越大。

(2)洞口作业

洞口作业是指孔与洞口旁边的高处作业,包括施工现场即通道旁深度 2 m 及 2 m 以上的桩孔、人孔、沟槽与管道洞孔的边沿上的作业。

(3)攀登作业

攀登作业是指借助登高用具或登高设施在攀登条件下进行的高处作业。

(4)悬空作业

悬空作业是指在周边临空状态下进行的高处作业。

(5)交叉作业

交叉作业是指在施工现场的上下不同层次,与空间贯通状态下同时进行的高处作业。

三、高处作业安全防护措施

(1)进入现场,必须戴好安全帽,扣好帽带,并正确使用个人劳动防护用具。

(2)悬空作业处应有牢靠的立足处,并必须视具体情况,配置防护网、栏杆或其他安全设施。

(3)悬空作业所用的索具、脚手板、吊篮、吊笼、平台等设备,均需经过技术鉴定或验证后方可使用。

(4)建筑施工进行高处作业之前,应进行安全防护设施的逐项检查和验收。验收合格后,方可进行高处作业。验收也可分层进行,或分阶段进行。

(5)安全防护设施,应由单位工程负责人验收,并组织有关人员参加。

(6)安全防护设施的验收应按类别逐项查验做出验收记录。凡不符合规定者,必须修整合格后再行查验。施工工期内还应定期进行抽查。

四、高处作业安全注意事项

(1)高处作业中的安全标志、工具、仪表、电气设施和各种设备,必须在施工前加以检查,确认其完好,方能投入使用。

(2)悬空、攀登高处作业以及搭设高处安全设施的人员必须按照国家有关规定经过专门的安全作业培训,并取得特种作业操作资格证书后,方可上岗作业。

(3)从事高处作业的人员必须定期进行身体检查,诊断患有心脏病、贫血、高血压、癫痫病、恐高症及其他不适宜高处作业的疾病时,不得从事高处作业,严禁酒后进行高处作业。

(4)高处作业人员必须正确使用安全帽,调好帽箍,系好帽带,身穿紧口工作服,脚穿防滑鞋,腰系安全带,正确使用安全带,高挂低用。

(5)高处作业场所有坠落可能的物体,应一律先行撤除或予以固定。所用物件均应堆放平稳,不妨碍通行和装卸。工具应随手放入工具袋,拆卸下的物件及余料和废料均应及时清理运走,清理时应采用传递或系绳提溜方式,禁止抛掷。

(6)遇有六级以上强风、浓雾和大雨等恶劣天气,不得进行露天悬空与攀登高处作业。台风暴雨后,应对高空作业安全设施逐一检查,发现有松动、变形、损坏或脱落、漏雨、漏电等现象,应立即修理完善或重新设置。

（7）所有的安全防护设施和安全标志等，任何人都不得损坏或擅自移动和拆除。因作业必须临时拆除或变动安全防护设施、安全标志时，必须经有关施工负责人同意，并采取相应的可靠措施，作业完毕后立即恢复。

（8）施工中对高处作业的安全技术设施发现有缺陷和隐患时，必须立即报告，及时解决。危及人身安全时，必须立即停止作业。

第三章 冶金企业安全生产技术

第一节 冶金企业安全概要

一、冶金企业的安全生产特点

冶金生产广义地讲是包括采矿、烧结、球团、焦化、炼铁、炼钢、轧材以及铸造耐火材料，许多情况下还包括运输、机械制造、建筑安装、点检维修等在内的生产系统。狭义的冶金生产包括炼铁、炼钢、轧钢等生产系统或其联合系统。人、物、环境、能量、信息相互作用，产生了各种危险危害因素，危险因素和危害因素在自控和被控的过程中相互转化，在一定的时空条件下，导致事故的发生，以及产生职业危害导致职业病发生。事故的发生又会对整个系统产生影响，有时会导致事故再次发生，甚至事故扩大和引发次生事故。

二、冶金制造企业要注意的七个方面的防控

作为冶金制造企业来说，以连续化生产作业为主，设备本身虽有比较严密的安全保护措施，有比较完善的操作规程，但在生产过程中要注意七个方面的安全防控：

(1)速度。随着生产技术的发展，生产线速度越来越快，如高速线材生产速度达 100 m/s 以上，对操作员工的潜在危险也就越大。

(2)温度。作业对象温度都比较高,一般在 1000℃ 以上,炼铁、炼钢的冶炼温度都在 1600℃ 以上,良好的防烫伤保护措施是必需的。

(3)压力。包括锅炉、压力容器、压力管道遍布在整个生产作业区域,在正常生产或设备维修时都不可麻痹大意。

(4)旋转。生产设备是由若干连续转动的组件组成,要严防挤伤、压伤、绞伤,要避免身体接触转动设备,慎防卷入而造成重大事故。

(5)火灾、爆炸。生产作业中,煤气、乙炔、油类等可燃气体、可燃液体伴随着生产的每个环节,必须做好火灾、爆炸的预防工作。

(6)中毒。在冶金生产作业中,有焦炉煤气、高炉煤气、转炉煤气存在,生产和使用这些物质时,一个关键的问题就是要预防煤气中毒事故。

(7)高处坠落。在建筑及维护检修过程中经常有高处坠落事故发生,作业时要有防坠落的相关措施。

三、冶金安全生产事故的主要分析技术及方法

1. 评分法

评分法又称指数法,是根据分析评价对象的具体情况选定评价项目,每个评价项目均定出评价的分值范围,在此基础上由评价者给各个评价项月评分,然后通过一定的运算求出总分值。根据总分值的大小,对工作系统进行危险分级并决定采取何种预防与防护措施。美国道化学公司的火灾、爆炸指数法,英国帝化学公司蒙德法,日本化工厂六阶段法,以及化工部化工厂危险程度分级等均属此类。美国的道氏法和英国 ICI 蒙德法就是两种代表性的指数法。

2. 概率法

概率法主要是把事故后果的分析同实际运行中的事故发生概率

分析结合起来,根据系统各组成要素的故障率及失误率,确定系统发生事故的概率,然后同既定的目标值相比较,判断其是否达到了预期的安全要求或者将概率值划分为若干个等级,作为对系统安全性评定及制定安全措施的依据。

具体地说,就是通过对系统可能发生的事故进行事故树分析(FTA)或事件树分析(ETA),建立数学模型,决定目标函数,然后求解,通过对系统进行定量评价,逐步改善对事故发生概率影响大的事件,使之逐步趋近于系统安全的目标,并求得最优解。

(1)事故树分析法(FTA,Fault Tree Analysis)

事故树分析法是以某一种不希望发生的事件为最后状态,然后使用系统分析的方法寻找造成这一状态的一系列失效(故障)。例如,核潜艇失效、航天飞机爆炸、建筑物坍塌等严重的不希望发生的事故,分析它们是由哪些原因造成的,是安全性分析的重要内容之一。

(2)事件树分析法(ETA,Event Tree Analysis)

事件树分析法是从一个初始事件开始,经过不断发展,一直到结果的全部分析过程。该方法可以在分析故障类型对于系统以及系统产生影响的基础上,结合故障发生的概率,把影响严重的故障进行定量评估。

(3)检查表法

根据经验或系统分析的结果,把评价项目自身及周围环境的潜在危险集中起来,列成检查项目清单,评价时依据清单逐项检查和评定。由于该法主要是凭经验进行分析和评定的定性方法,所以经常同评分法结合应用,根据评定的总分来确定安全的程度。石化总公司的"石油化工企业安全评价实施方法"具有检查表的性质。

(4)综合评价法

综合评价法是根据评价对象的要求,将一些不同种类及不同适用范围的方法组合起来进行综合评价的方法。目前国内外采用的风险评价方法由于是在各行业部门根据各国的特殊情况要求下发展起来的,各有所侧重,局限性较大,而且方法复杂,工作程序比较繁琐,需要大量基础数据。这些数据在目前的技术条件下往往难以获得,不能保证选取恰当的数据以及建立正确的数据关系。此外,从事该项评价需要花费大量人力、物力和财力,这在一般情况下往往条件不允许。因此,对一个工作系统进行风险评价,首先应通过系统安全分析,辨识出其固有或潜在危险,然后根据安全标准进行危险分级,进而采取相应的措施预防或消除危险,通常按下列程序进行。

①危险的确定:即辨识出系统中可能出现危险的性质、种类、范围以及发生条件。

②危险的检测与分析:即通过一定的手段测定、分析和判明危险,包括固有的和潜在的危险,及在一定条件下转化生成的危险。

③危险的定量化:即把危险的评价项目通过定量化处理,确定其发生的概率和危险程度。

④危险的处理:即为消除危险所采取的技术措施和管理措施。

⑤综合评价:采取系统分析评价方法,进行概率危险度评价和危险度等级评定,然后同现定的安全指标比较,以求判明所达水平。

第二节　原料、烧结安全技术

一、原料、烧结相关概念

1. 原料场

接受、贮存、加工处理和混匀钢铁冶金原料、燃料的场地。现代化大型原料场的贮料场(贮存原料的场地)包括矿石场、煤场、辅助原料场和混匀料场;不但贮存外来的铁矿石、铁精矿、球团矿、锰矿石、石灰石、白云石、蛇纹石、硅石、焦煤、动力煤,还贮存一部分烧结矿、球团矿以及钢铁厂内的循环物,如氧化铁皮、高炉灰、碎焦、烧结粉、匀矿端部料等。

2. 烧结

烧结是粉末或粉末压坯加热到低于其中基本成分的熔点的温度,然后以一定的方法和速度冷却到室温的过程。烧结的结果是粉末颗粒之间发生黏结,烧结体的强度增加,把粉末颗粒的聚集体变成为晶粒的聚结体,从而获得所需的物理、机械性能的制品或材料。

二、原料系统的安全技术

1. 原料系统的危险有害因素

(1)皮带运输系统缺乏安全装置。操作人员经常走动的通道,在机旁没有设置栏杆、安全绳索与紧急事故开关,有些转动轴、滚筒等外露部分没有防护罩,人员跨越皮带时缺乏过桥。

(2)料仓设计的坡度不符合要求,选用的闸门不灵活或者闸门年久失修,造成堵料,当用人工捅料时,容易发生崩料、挤压事故。

(3)矿槽周围没设栏杆,槽上没有格栅或格栅年久失修等。

2. 防止原料系统伤亡事故的安全措施

(1)所有井、槽应设栏杆、盖板或格栅。

(2)皮带机所有外露的传动设备及部件,应设防护罩和栏杆,人员需跨越转动的皮带时,需安设过桥。

(3)不合要求的料仓与闸门应进行技术改造,当发生结块和卡料时,下去处理的人员应佩戴好安全带,搭好跳板,并需有人监护,防止突然塌料伤人。

(4)从烧结厂运来的烧结料,温度高达600℃左右,卸料时常有喷溅放炮等现象,要防止被掀起的赤热粉尘烫伤。

(5)称量车司机在沟下(槽下)作业时,应防止撞车、挤压、跑料、脱钩等事故,由于沟下裸露电器较多,要注意防止触电和电器短路事故,清理料坑时,清理人员应事先与称量车联系好,防止料车挤人。

三、烧结系统的安全技术

1. 烧结车间生产过程中职业有害因素分析

(1)粉尘

烧结过程中机头产生含尘烟气,其中含有一定数量的 SO_2 等有害气体;另外在生产过程中物料破碎、混合等工序以及转运过程中、机尾、整粒系统产生粉尘,成分复杂的颗粒物;烟气温度高、颗粒物黏度大,含有硫、铅、锌、氟、一氧化碳、二氧化硅等有害成分,如果各工序段扬尘点密封罩密封不严,除尘器故障,或者卸灰阀故障堵塞,不及时清理,也可能烧结机本体、风机等受烟气长期腐蚀密封性不好,粉尘可能散发到车间,车间如果通风不良,对工作人员可能造成职业病伤害。

(2)噪声

烧结厂的噪声主要来源于高速运转的设备。这些设备主要有主风机、冷风机、通风除尘机、振动筛、四辊破碎机、抽风机、环冷机冷却风机、除尘系统的风机和助燃风机,以及成品和燃料的筛分设备、水泵。如果不选用低噪声设备又不安装消声器、消音隔声设施,则可能导致工作岗位的噪声超标,长期在这种环境中工作,可能引发员工职业病伤害。

(3)中毒

工业点火炉点火燃料为煤气,煤气含有氢气、一氧化碳等可燃成分,如果与空气配比不恰当,未充分燃烧的煤气停留在炉内,检修时吹扫不彻底,或者煤气管道由于缺陷或者腐蚀导致泄露,未及时发现,通风不畅,可能引发工作人员中毒。

(4)高温

生产过程中,烧结机、工业炉、高炉返矿缓冲槽等设备均不同程度放散出大量辐射热和对流热,车间内气温较高,尤其在夏季,当室外环境温度较高和空气相对湿度较大时,运行检修人员机体可出现热蓄积,即机体产热和受热与散热平衡的破坏,体温升高,易发生中暑。

高温主要影响人体的体温调节和水盐代谢及循环系统,还可以抑制中枢神经系统,使工人在作业中注意力分散,准确性下降,易疲劳,而引发工伤事故。

2. 烧结车间安全工程设计方面的安全对策措施

(1)平台、架空走道、人行通道和有坠落危险的梯子、坑池边、升降口、安装孔等场所,必须设防护栏杆、围栏或盖板。梯子、坑池口、升降孔、安装孔等应避开人行通道。

(2)厂房内的各种可燃气体管道不得与起重设备的裸露滑触线布置在同一侧。

(3)架空管道,钢管制造完毕后,内壁(设计有要求者)和外表面应涂刷防锈涂料。管道安装完毕试验合格后,全部管道外表应再涂刷防锈涂料。管道外表面每隔四至五年应重新涂刷一次防锈涂料。

3. 烧结车间安全管理方面的对策措施

(1)车间主要危险源或危险场所,应设有"禁止接近"、"禁止通行"或其他安全标志。安全色和安全标志应分别符合 GB 2893—2008《安全色》和 GB 2894—2008《安全标志及其使用导则》的规定。安全标志必须设置在醒目的位置。

(2)厂房内、转运站、皮带运输机通廊,均应设有洒水清扫或冲洗地坪和污水处理等设施。排水沟、池应设有盖板。

(3)矿槽出现棚料时,在采取防护措施之前,严禁进入矿槽处理。进入圆筒混合机检修和清理,应事先切断电源,采取防止筒体转动的措施,并设专人监护。进入大烟道之前,应切断点火器的煤气,关闭各风箱调节阀,断开抽风机的电源。进入大烟道检查或检修时,应在入孔处设专人监护,确认无人后,方可封闭各部入孔。

（4）烧结机点火之前,应进行煤气引爆试验;在烧结机燃烧器的烧嘴前面,应安装煤气紧急事故切断阀。烧结平台上严禁乱堆乱放杂物和备品备件,每个烧结厂房烧结平台上存放的备用台车,不得超过5台,载人电梯不得用作检修起重工具。在台车运转过程中,严禁进入弯道和机架内检查。检查应索取操作牌,停机,切断电源,挂上"严禁启动"标志牌,并设专人监护。更换台车必须采用专用吊具,并有专人指挥,更换栏板,添补炉篦条等作业,必须停机进行。

（5）企业工序之间接合部的安全事故时有发生,这是长期以来安全管理工作的一个薄弱环节,工艺上的紧凑决定了不同的工艺紧密地接合在一起,所以应联合检查,共同合作,以便发现隐患。

（6）应定期测定煤气管道管壁厚度,建立管道防腐档案。

（7）加强主要危险源点的安全管理和监控工作,建立危险源点安全档案,对危险源点实施持续有效的检查和控制。

（8）加强对电气系统接地、防雷和防静电接地、特种设备及安全装置的检测和检验,尤其在使用前需经过检测,并取得合格证。

4. 烧结车间工艺和设备、装置方面的安全对策措施

（1）按照规范要求设置机头除尘器的防火防爆装置。

（2）按照规范要求将除尘设备与工艺设备进行连锁。

（3）对烧结机台车与辊式布料机设置机械清理装置。

（4）对主抽风机室设计监测烟气泄漏、一氧化碳等有害气体及其浓度的信号报警装置。

（5）点火器未设置火焰监测装置,并设置远程监控系统,集中在控制室统一控制。

（6）在烧结车间这样的粉尘、潮湿或有腐蚀性气体的环境下工作的仪表,应选用密闭式或防尘型的,并安装在仪表柜（箱）内。在有爆炸危险的场所,必须选用防爆或隔离火花的保安型仪表。厂内使用表压超过105 Pa的油、水、煤气、蒸汽、空气和其他气体的设备和管道系统,应安装压力表、安全阀等安全装置,并应采用不同颜色的标志,以区别各种阀门处于开或闭的状态。或者采用挂牌上锁,防止非工作人员开启。

(7)单机运动的设备和连锁系统的设备,应设置预告和启动信号。

(8)车间内人行道与机动车道或移动机械的通道的交叉处,应设信号报警装置。

第三节 焦化安全生产技术

一、焦化的相关概念

焦化一般指有机物质碳化变焦的过程。在煤的干馏中焦化指高温干馏。在石油加工中,焦化是渣油焦炭化的简称,是指重质油(如重油,减压渣油,裂化渣油甚至土沥青等)在 500℃左右的高温条件下进行深度的裂解和缩合反应,产生气体、汽油、柴油、蜡油和石油焦的过程。焦化主要包括延迟焦化、釜式焦化、平炉焦化、流化焦化和灵活焦化等五种工艺过程。

二、焦化安全生产的主要特色

焦化厂一般由备煤、炼焦、回收、精苯、焦油、其他化学精制、化验和修理等车间组成。其中化验和修理车间为辅助生产车间。

备煤车间的任务是为炼焦车间及时供应合乎质量要求的配合煤。炼焦车间是焦化厂的主体车间。炼焦车间的生产流程是:装煤车从贮煤塔取煤后,运送到已推空的碳化室上部将煤装入碳化室,煤经高温干馏变成焦炭,并放出荒煤气由管道输往回收车间;用推焦机将焦炭从碳化室推出,经过拦焦车后落入熄焦车内送往熄焦塔熄焦;之后,从熄焦车卸入凉焦台,蒸发掉多余的水分和进一步降温,再经输送带送往筛焦炉分成各级焦炭。回收车间负责抽吸、冷却及吸收回收炼焦炉发生的荒煤气中的各种初级产品。

三、焦化的危险因素

1. 从装置边生产边施工的主要内容分析危险因素

装置运行期间主要需完成的改造工程量为：新焦炭塔塔体、钢结构预制、安装；新加热炉钢结构预制、安装及加热炉的制作；新焦炭塔、加热炉部分管线的预制和安装；新增放空塔的安装；焦炭塔、加热炉及其他设备基础施工；新增换热器、空冷器的安装和配管；DN500、DN600 管线的安装；泵区、分馏区部分管线、仪表槽盒的安装等。从施工内容分析主要存在的危险因素有：

（1）碳塔、加热炉、放空塔、换热器、仪表槽盒安装时动火作业易引发火灾；

（2）焦炭塔塔体、钢结构的安装、加热炉的制作、钢结构、管线的安装时上下交叉作业易发生设备、人员伤害；

（3）碳塔塔体、管线、钢结构、加热炉的钢结构、管线、换热器、放空塔、DN500、DN600 管线安装吊装作业，存在吊装危险及对周围设备和管线的损坏；

（4）焦炭塔、加热炉及其他动设备基础土建施工地面开挖，装置通道出现沟、坑易造成人员伤害；

2. 从装置边生产边施工的周围环境分析危险因素

（1）焦炭塔、加热炉的安装空间较小，安装高度大，最高达到了102 m，吊装的重量大，最重达到了 200 t，同时东靠近正在运行的炉-301 和塔-201，南侧紧邻装置的主马路，北边是高压泵房，西侧有焦池和沉降池。其施工的主要危险因素有：

①周围环境多为瓦斯、油气，一旦瓦斯泄漏或火星掉入沉降池，极易发生火灾爆炸事故；

②安装空间狭窄、施工交叉作业较多,易碰撞周围设备管线;

③焦炭塔及钢结构需动用 500 t 大吊车吊装,吊装的高度和重量都较大,存在吊装危险及周围设备管线的损坏。

(2)新增的放空塔南侧近邻气压机区,西侧靠近加热炉进料罐 V-104,北侧有封油罐 V-401。下方有运行的汽油泵 B-111/112,柴油冲洗油泵 B-113/114,封油泵 B406/407。其施工地主要危险因素有:

①周围环境为汽油、柴油、瓦斯、油气及地漏和下水井,动火时易发生燃烧爆炸;

②吊装时有一根 DN20 的汽油线和 DN50 的风线进行处理,易破坏管线发生火灾。

③罐体吊装属大型设备吊装,存在吊装危险及对周围设备管线的损坏。

(3)新增空冷器和换热器的安装在冷换区,高度为 7~22 m,周围主要有换热器、管线、地漏和下水井以及汽油、柴油、油气。施工的主要危险因素有:

①地漏、地沟、下水井含油,汽油、柴油、油气的泄漏,施工动火易引燃;

②施工易碰撞周围设备管线。

(4)DN500、DN600 线以及仪表槽盒的安装,施工的区域多、面广,从加热炉到泵区、冷换区、气压机区,周围环境主要有机泵、管线、地漏、地沟、下水井,施工的主要危险因素有:

①地漏、地沟、下水井含油,施工动火易引燃;

②施工易碰撞周围设备管线;

③周围环境的油品、油气、瓦斯较多,施工动火易发生燃烧爆炸;

④施工的机具、设备、管架容易造成人员摔伤、碰伤等人身事故。

3. 从装置工艺、操作条件分析危险因素

延迟焦化是在高温条件下,热破坏加工渣油从而得到石油焦、汽油、柴油、蜡油和气体的二次加工装置。焦化过程是一种热分解和缩合的综合过程。装置属于高温(装置最高温度可达 1000℃以上,介质温度最高 500℃)、高压(最高压力 3.8 MPa),易燃、易爆的装置。装置所用原料为常减压的减压渣油,其自燃点为 230～240℃,而装置的操作温度多在 300℃以上,一旦泄漏极易发生火灾,生产的干气和汽油沸点和闪点都很低,与空气混合均能形成爆炸性混合气体,其爆炸极限分别为 1.5％～15％(V/V)和 1.4％～7.6％(V/V)。同时由于其产品柴油、蜡油的自燃点都低于装置的操作温度,极易发生火灾,存在较大危险。为了加大装置的处理量,装置实行单程＋18 h生焦,生产组织难度较大,操作变动频繁;同时设备运行时间较长,许多设备超负荷运行;尤其加热炉运行时间长,存在一定程度的结焦;受改造的影响,生产管理人员较少,部分设备带病运行。改造施工的危险因素有:燃烧爆炸对人员的伤害以及设备损坏、财产损失。

四、焦化安全生产技术及事故预防措施

1. 防火防爆

一切防火防爆措施都是为了防止生产可燃(爆炸)性混合物或防止产生和隔离足够强度的活化能,以避免激发可燃性混合物发生燃烧、爆炸。为此,必须弄清可燃(爆炸)性混合物和活化能是如何产生的,以及防止其产生和互相接近的措施。

有些可燃(爆炸)性混合物的形成是难以避免的,如易燃液体贮槽上部空间就存在可燃(爆炸)性混合物。因此,在充装物料前,往贮槽内先充惰性气体(如氮),排出蒸气后才可避免上述现象发生。此外,选用浮顶式贮槽也可以避免产生可燃(爆炸)性混合物。

2. 泄漏

泄漏是常见的产生可燃(爆炸)性混合物的原因。可燃气体、易燃液体和温度超过闪点的液体的泄漏,都会在漏出的区域或漏出的

液面上产生可燃(爆炸)性混合物。造成泄漏的原因主要有两个：

一是设备、容器和管道本身存在漏洞或裂缝。有的是设备制造质量差，有的是长期失修、腐蚀造成的。所以，凡是加工、处理、生产或贮存可燃气体、易燃液体或温度超过闪点的可燃液体的设备、贮槽及管道，在投入使用之前必须经过验收合格。在使用过程中要定期检查其严密性和腐蚀情况。焦化厂的许多物料因含有腐蚀性介质，应特别注意设备的防腐处理，或采用防腐蚀的材料制造。

二是操作不当。相对地说，这类原因造成的泄漏事故比设备本身缺陷造成的要多些。由于疏忽或操作错误造成跑油、跑气事故很多。要预防这类事故的发生，除要求严格按标准化作业外，还必须采取防溢流措施。《焦化安全规程》规定，易燃、可燃液体贮槽区应设防火堤，防火堤内的容积不得小于贮槽地上部分总贮量的一半，且不得小于最大贮槽的地上部分的贮量。防火堤内的下水道通过防火堤处应设闸门。此闸门只有在放水时才打开，放完水即应关闭。

3. 放散

焦化厂许多设备都设有放散管，加工处理或贮存易燃、可燃物料的设备或贮槽，放散管放散的气(汽)体有的本身就是可燃(爆炸)性混合物，或放出后与空气混合成为可燃(爆炸)性混合物。《焦化安全规程》规定，各放散管应按所放散的气体、蒸气种类分别集中净化处理后方可放散。放散有毒、可燃气体的放散管出口应高出本设备及邻近建筑物 4 m 以上。可燃气体排出口应设阻火器。

4. 防尘与防毒

煤尘主要产生在煤的装卸、运输以及破碎粉碎等过程中，主要产尘点为煤场、翻车机、受煤坑、输送带、转运站以及破碎、粉碎机等处。一般煤场采用喷洒覆盖剂或在装运过程中采取喷水等措施来降低粉尘的浓度。输送带及转运站主要依靠安设输送带通廊、局部或整体密闭防尘罩等来隔离和捕集煤尘。

破碎及粉碎设备等产尘点应加强密闭吸风,设置布袋除尘、湿式除尘、通风集尘等装置来降低煤尘浓度。

在焦化厂,一氧化碳存在于煤气中,特别是焦炉加热用的高炉煤气中的一氧化碳含量在 30% 左右。焦炉的地下室、烟道通廊煤气设备多,阀门启闭频繁,极易泄漏煤气。所以,必须对煤气设备定期进行检查,及时维护,烟道通廊的贫煤气阀应保证其处于负压状态。

为了防止硫化氢、氰化氢中毒,焦化厂应当设置脱硫、脱氰工艺设施。过去国内只有城市煤气才进行脱硫,冶金企业一般不脱硫。至于脱氰,一般只从部分终冷水或氨气中脱氰生产黄血盐。随着对污染严重性认识的提高,近年来,各焦化厂已开始重视煤气的脱硫脱氰问题。为了防止硫化氢和氰化氢中毒,蒸氨系统的放散管应设在有人操作的下风侧。

第四节　炼铁安全技术

一、炼铁安全生产的主要特色

炼铁是将铁矿石或烧结球团矿、锰矿石、石灰石和焦炭按一定比例予以混匀送至料仓,然后再送至高炉,从高炉下部吹入 1000℃ 左右的热风,使焦炭燃烧产生大量的高温还原气体煤气,从而加热炉料并使其发生化学反应。在 1100℃ 左右铁矿石开始软化,1400℃ 熔化形成铁水与液体渣,分层存于炉缸。之后,进行出铁、出渣作业。

炼铁生产所需的原料、燃料,生产的产品与副产品的性质,以及生产的环境条件,给炼铁人员带来了一系列潜在的职业危害。例如,在矿石与焦炭运输、装卸,破碎与筛分,烧结矿整粒与筛分过程中,都会产生大量的粉尘;在高炉炉前出铁场,设备、设施、管道布置密集,作业种类多,人员较集中,危险有害因素最为集中,如炉前作业的高温辐射,出铁、出渣会产生大量的烟尘,铁水、熔渣遇水会发生爆炸;开铁口机、起重机造成的伤害等;炼铁厂煤气泄漏可致人中毒,高炉煤气与空气混合可发生爆炸,其爆炸威力很大;喷吹烟煤粉可发生粉尘爆炸;另外,还有炼铁区的噪声,以及机具、车辆的伤害等。如此众多的危险因素,威胁着生产人员的生命安全和身体健康。

二、炼铁的主要设备

炼铁是一个庞大的系统,可分为若干个子系统。主要有:制料和备料系统、供料和上料系统、炉顶设备及粗煤气系统、高炉本体系统、出铁场及渣处理系统、热风炉系统、喷吹系统、(铸铁机系统),以及燃气、热力、给排水、通风除尘、供配电等生产辅助系统。

1. 制料和备料系统

包括球团、烧结和碾泥。主要任务是为炼铁制备精料。

2. 供料和上料系统

包括储矿槽、过筛、输送、称量及上料机等主要任务是保证及时、准确、稳定地将合格的原料、从储矿槽送到高炉炉顶。

常见的有料车和胶带上料系统。大型高炉通常采用胶带上料。为了使上料连续不断,建立槽下设施。槽下设施是高炉原料、燃料、辅料的储存和转运设施。槽下设施主要有胶带机、各种料筛、称量设备、转运站和料仓等。

3. 炉顶设备及粗煤气系统

炉顶附属主要有:探尺、气密箱等设施。炉顶还有冷却系统、炉顶均压、排压系统和炉顶液压、润滑系统。炉顶的粗煤气系统是指高炉内煤气通向四根煤气上升管,在合并成两根煤气上升管,最后通向一根煤气下降管,把粗煤气经重力除尘送到煤气除尘。

4. 高炉本体系统

高炉本体系统包括高炉本体结构、附属设备和炉体检测。高炉本体包括:炉体钢结构、炉体冷却结构、炉体砌体结构、炉体内型和炉体附属设备五个部分。高炉工作空间的内部轮廓称为高炉炉型,由炉缸、炉腹、炉腰、炉身和炉喉等部分组成。高炉的附属设备包括炉顶点火装置、炉顶十字测温、炉顶喷水、送风支管等。炉体检测包括本体和炉前两部分,本体主要是对各种温度、压力和煤气成分等进行检测。

5. 渣、铁处理系统

渣、铁处理系统包括炉前出铁场及其设备,渣、铁输送设备,铸铁机、铁水炉外处理设备等。主要任务是及时处理高炉排出的渣、铁,保证高炉生产正常进行,获得合格的生铁和炉渣产品。出铁场有铁沟、渣沟、开口机、泥炮、溜嘴、转鼓等。高炉渣处理是高炉出铁过程中的重要环节。渣处理工艺的先进程度,设备的运转状况,操作的好坏,直接影响出铁过程能否顺利进行。

6. 煤气清洁机余压发电

在高炉的生产过程中,产生大量的荒煤气。大致每吨生铁产生荒煤气 2000~3000 m^3,这是有价值的能源。荒煤气离开炉顶时,含有大量灰尘,不经过除尘处理不能直接使用。煤气除尘系统可分为湿式除尘和干法除尘。现在一般采用干法除尘。干法除尘主要设备有重力除尘和若干个除尘箱体和储灰仓等。高炉余压发电装置(TRT),就是通过透平机带动发电机,将部分余压能转化为电能。

7. 送风系统

包括鼓风机、热风炉及一系列管道、阀门。主要任务是保证连续可靠地向高炉供给所需数量和足够温度的热风。热风炉是高炉主要附属设备之一。热风带入大量的高热量,替代了作为发热剂的部分焦炭,达到增产降耗,还可以提高喷煤比,提高三通质量和降低生铁成本。风是高炉冶炼过程的物质基础之一,同时又是高炉行程的运动因素,风温和风压的稳定均匀,对高炉冶炼过程,乃至稳定炉况,起到至关重要的作用。

8. 燃料喷吹系统

包括燃料的制备、储存,空压机、高压泵和一系列管道阀门,输送设备及喷吹用喷枪等。提高高炉喷煤比是炼铁系统结构优化的中心环节,是降低炼铁生产成本的有效手段。

三、炼铁生产的主要安全技术

1. 高炉装料系统安全技术

装料系统是按高炉冶炼要求的料坯,持续不断的给高炉冶炼。装料系统包括原料燃料的运入、储存、放料、输送以及炉顶装料等环节。装料系统应尽可能减少装卸与运输环节,提高机械化、自动化水平,使之安全的运行。

(1)运入、储存与放料系统。大中型高炉的原料和燃料大多数采用胶带机运输,比货车运输易于自动化和治理粉尘。储矿槽未铺设隔栅或隔栅不全,周围没有栏杆,人行走时有掉入槽的危险;料槽形状不当,存有死角,需要人工清理;内衬磨损,进行维修时的劳动条件差;料闸门失灵常用人工捅料,如料突然崩落往往造成伤害。放料时的粉尘浓度很大,尤其是采用胶带机加振动筛筛分料时,作业环境更差。因此,储矿槽的结构应是永久性的、十分坚固的。各个槽的形状应该做到自动顺利下料,槽的倾角不应该小于 $50°$,以消除人工捅料的现象。金属矿槽应安装振动器。钢筋混凝土结构,内壁应铺设耐磨衬板;存放热烧结矿的内衬板应是耐热的。矿槽上必须设置隔栅,周围设栏杆,并保持完好。料槽应设料位指示器,卸料口应选用开关灵活的阀门,最好采用液压闸门。对于放料系统应采用完全封闭的除尘设施。

(2)原料输送系统。大多数高炉采用料车斜桥上料法,料车必须设有两个相对方向的出入口,并设有防水防尘措施。一侧应设有符合要求的通往炉顶的人行梯。卸料口卸料方向必须与胶带机的运转方向一致,机上应设有防跑偏、打滑装置。胶带机在运转时容易伤人,所以必须在停机后,方可进行检修、加油和清扫工作。

(3)顶炉装料系统。通常采用钟式向高炉装料。钟式装料以大钟为中心,由大钟、料斗、大小钟开闭驱动设备、探尺、旋转布料等装置组成。采用高压操作必须设置均压排压装置。做好各装置之间的密封,特别是高压操作时,密封不良不仅使装置的部件受到煤气冲刷,缩短使用寿命,甚至会出现大钟掉到炉内的事故。料钟的开闭必须遵守安全程序。为此,有关设备之间必须连锁,以防止人为的失误。

2. 供水与供电安全技术

高炉是连续生产的高温冶炼炉,不允许发生中途停水、停电事故。特别是大、中型高炉必须采取可靠的措施,保证安全供电、供水。

(1)供水系统安全技术。高炉炉体、风口、炉底、外壳、水渣等必须连续给水,一旦中断便会烧坏冷却设备,发生停产的重大事故。为了安全供水,大中型高炉应采取以下措施:供水系统设有一定数量的备用泵;所有泵站均设有两路电源;设置供水的水塔,以保证柴油泵启动时供水;设置回水槽,保证在没有外部供水情况下维持循环供水;在炉体、风口供水管上设连续式过滤器;供、排水采用钢管以防破裂。

(2)供电安全技术。不能停电的仪器设备,万一发生停电时,应考虑人身及设备安全,设置必要的保安应急措施。设置专用、备用的柴油机发电组。

计算机、仪表电源、事故电源和通讯信号均为保安负荷,各电器室和运转室应配紧急照明用的带铬电池荧光灯。

3. 煤粉喷吹系统安全技术

高炉煤粉喷吹系统最大的危险是可能发生爆炸与火灾。

为了保证煤粉能吹进高炉又不致使热风倒吹入喷吹系统,应视高炉风口压力确定喷吹罐压力。混合器与煤粉输送管线之间应设置逆止阀和自动切断阀。喷煤风口的支管上应安装逆止阀,由于煤粉极细,停止喷吹时,喷吹罐内、储煤罐内的储煤时间不能超过 $8 \sim 12$ h。煤粉流速必须大于 18 m/s。罐体内壁应圆滑,以曲线过渡,管道应避免有直角弯。

为了防止爆炸产生强大的破坏力,喷吹罐、储煤罐应有泄爆孔。

喷吹时,由于炉况不好或其他原因使风口结焦,或由于煤枪与风管接触处漏风使煤枪烧坏,这两种现象的发生都能导致风管烧坏。因此,操作时应该经常检视,及早发现和处理。

4. 高炉安全操作技术

(1)开炉的操作技术。开炉工作极为重要,处理不当极易发生事故。开炉前应做好如下工作:进行设备检查,并联合检查;做好原料和燃料的准备;制定烘炉曲线,并严格执行;保证准确计算和配料。

(2)停炉的操作技术。停炉过程中,煤气的一氧化碳浓度和温度逐渐增高,再加上停炉时喷入炉内水分的分解使煤气中氢浓度增加。为防止煤气爆炸事故,应做好如下工作:处理煤气系统,以保证该系统蒸气畅通;严防向炉内漏水。在停炉前,切断已损坏的冷却设备的供水,更换损坏的风渣口;利用打水控制炉顶温度在 $400 \sim 500$ ℃之间;停炉过程中要保证炉况正常,严禁休风;大水喷头必须设在大钟下。设在大钟上时,严禁开关大钟。

5. 高炉维护安全技术

高炉生产是连续进行的,任何非计划休风都属于事故。因此,应加强设备的检修工作,尽量缩短休风时间,保证高炉正常生产。

为防止煤气中毒与爆炸应注意以下几点:

(1)在一、二类煤气作业前必须通知煤气防护站的人员,并要求至少有 2 人以上进行作业。在一类煤气作业前还须进行空气中一氧化碳含量的检验,并佩戴氧气呼吸器。

(2)在煤气管道上动火时,须先取得动火票,并做好防范措施。

(3)进入容器作业时,应首先检查空气中一氧化碳的浓度,作业时,除要求通风良好外,还要求容器外有专人进行监护。

四、炼铁生产事故的预防措施和技术

炼铁安全事故主要有:中毒和窒息事故、机械伤害事故、高处坠落事故、起重伤害事故、粉尘和毒物伤害事故、高温和辐射事故及振动伤害事故等。

(一)煤气中毒事故的预防与抢救

1. 煤气操作

(1)对煤气要定期检查,如管道、阀门、放散管、排水器等。

(2)凡在煤气区域作业必须到相关部门办理作业票,穿戴好防护用品到现场检查发现问题及时处理。

(3)利用风向。在上风头工作。

(4)到炉区工作时应 2 人以上,点火时至少 3 人以上操作,并且必须配带煤气报警器。

(5)所有报警器每班使用前校对一次。

(6)凡进行煤气放散前,要通知相关部门和生产调度,严禁自行放散。

(7)吹扫胶管与阀门连接处捆绑铁丝不得少于两圈。开阀门时应侧身缓慢进行。

(8)戴氧气呼吸器工作,应检查是否良好,有足够氧气。

(9)煤气区域常通风。

2. 煤气中毒事故的处理

(1)首先戴好防毒面具,将中毒者迅速救出煤气危险区域,安置在上风侧空气新鲜处,为了便于抢救,应解开中毒者的领扣、腰带,同时注意冬季的保暖,防止患者着凉。并立即通知分厂值班主任、生产调度,同时用电话报告职工医院到现场急救。必须注意:若中毒者仍处于煤气严重污染区域时,必须戴好防毒面具才能进行抢救,不可冒险施救。

(2)检查中毒者症状,确定中毒者的中毒程度,采取相应救护措施。

(3)当发生集体煤气中毒而抢救人员又少时,应立即通知生产安全调度,并将中毒者全部抢救出来,分轻重抢救。

(4)抢救中毒者时,一定要有专人指挥,注意安全,防止碰伤、摔伤,上下楼梯时,应将中毒者头部抬高。

(5)一氧化碳中毒可使用人工呼吸或苏生器,但二氧化碳、二硫化碳、苯、氨中毒者禁止用人工呼吸法。

3.煤气中毒人员的抢救

(1)迅速使中毒脱离现场,安置在空气流通处,解开衣扣、腰带(有湿衣服要脱掉),冬季应注意保暖,根据中毒情况进行正确的抢救方法。

(2)对轻微中毒能自主呼吸者(如出现头痛、恶心、眩晕、呕吐等),让其呼入新鲜空气或进行适当补氧,其症状即可消失。恢复后喝点浓茶,加快血液循环,以减轻症状,可直接送附近医疗门诊或医院治疗。

(3)对中度中毒患者(如出现意识模糊、呼吸微弱、大小便失禁、口吐白沫等),进行现场输氧,待中毒患者恢复知觉,呼吸正常后,再送医院进行抢救。

(4)对重度中毒患者(如出现呼吸停止,失去知觉),立即进行人工抢救或在医护人员护理下,送往医院进行抢救,抢救过程中未经医护人员允许,不得中断对中毒者的一切急救措施。

（二）有限空间中毒和窒息事故的预防措施

（1）打开料仓、渣仓、煤仓、烟道及其他闭塞场所的盖子后，必须做好洞口防坠落的隔离和防护。在离沿顶和沿洞边作业，必须系安全带，防止坠落。一旦坠落，必须及时组织抢救。落入松软粉尘、渣仓时，千万别挣扎，防止越陷越深。落入有毒有害或缺氧仓内时，不可贸然进入施救，必须穿戴好空气呼吸器和防护服，防止二次事故。

（2）实施隔离。在设备停止运作后，将其与外界连接的管道用盲板切断，使之与生产系统安全隔离。将所有电源开关拉下并加锁，挂上警告标志牌。

（3）清洗和置换。进入有毒有害的有限空间作业前，必须用蒸汽或工业惰性气体进行吹扫、置换。当用置换和吹扫不能除去黏结在设备内壁上的可燃有毒介质结垢物时，还要进行清洗，直至达到安全要求。

（4）取样分析。经过严格的置换清洗后，要对设备内的气体进行取样分析，以保证设备内的可燃物质不超过其爆炸下限的 $1/4\sim$ $1/3$。同时要保证罐内含氧量在 $18\%\sim23\%$ 的范围内，以防罐内作业出现缺氧现象。

（5）通风。为了保证罐内有足够的氧气，防止烟尘和有毒气体的集聚，应打开所有人孔、手孔、烟门、风门等以利自然通风，必要时还应采取机械通风。

（6）监护。进入罐内和狭小的空间作业必须有专人监护。监护人应有一定的经验，熟悉设备，工作状况，具备安全知识。监护人应对被监护人的安全负责，应坚守岗位，如发现违章作业，可责令其停止或纠正。监护人应选择适当的位置并注意保护自己，做好处理事故的一切准备。监护人还应具备一定的抢救知识和采取一定的抢救措施。

（三）机械伤害事故的预防措施

（1）胶带输送机设有符合国家要求的安全装置。有消防设施，有必要的防尘设施，场地有足够照明，通道宽度足够。

（2）停机后启动时，必须检查确认胶带上无人，方可启动。

（3）严禁从胶带上方跨越、下方转过或乘坐胶带。

（4）胶带机进行、维护、清扫、处理堵料等作业，必须停电、停机，开关箱打到零位，挂上"有人作业，严禁操作"的牌子。还需派专人在启动开关箱处监视或者在控制室挂牌。

（5）巡检时严禁触及运转设备。在与运转设备邻近进行检修、维护、清扫、处理堵料等作业时，必须进行有效隔离。

（四）高层坠落事故的预防措施

（1）凡患有高血压、心脏病、贫血、癫痫病等不得从事高处作业，身体不适或过度疲劳不宜进行高处作业。严禁酒后进行高处作业。

（2）高处作业，工作服必须紧扣。在 2 m 以上作业必须系安全带。安全带必须高挂低用，挂点必须牢固。

（3）高处作业前，必须进行危险辨识，安全交底，制定高处作业安全计划，采取安全措施。对使用的梯子和脚手架等工具设施和个人防护用品仔细检查。梯子底部垫平，禁止两人同在一个梯子上作业。

（4）高处作业部位所用材料要堆放平稳，要有防止坠落措施。工具防止脱手坠落。材料、工具禁止抛掷。检修后应把拆除的栏杆和检修口盖及时恢复。

（5）不得乘吊篮和吊物上下，安全带要单独设置在安全绳上，严禁系在吊篮和吊物上。遇到雷雨或风力超过五级时，不得在露天登高作业。

（6）上下交叉作业人员的位置应错开，不得在同一垂直点上方作业，否则应设置有防穿透能力的隔离层。

（五）起重伤害事故的预防措施

（1）起重司机和司索工必须经过安全培训，经考试合格，取得操作证。严禁违章作业、违章指挥。严格作业现场管理。

（2）制动器、卷扬限位、行程极限、缓冲器、走轮防护挡板、轨道末端立柱、夹轨器、安全连锁等安全装置完好。对起重设备及时检查维护，确保设备完好。

（3）吊具安全可靠，钢丝绳和链条达到规定的安全系数。司索规范，避免夹角过大，防止尖锐棱角重物损伤吊具等。链条不应有裂纹、刻痕、剥裂等。

（4）起重电器安全可靠，接地良好，布线规范，起重机滑线不能在驾驶室同一侧。照明、电铃线与动力线分开。供电线路有鲜明的色标和信号灯。

（5）起重机作业现场照明充足，吊运通道畅通。起吊前检查制动器、吊钩、钢丝绳和安全装置。开车前、起吊前和操作中接近人时铃声报警。吊物平稳，起吊和放物时应慢速。做到"十不吊"。严禁吊物从行人头上经过。工作结束控制手柄归零位，关闭总开关。

（六）粉尘危害事故的预防措施

如果粉尘不加以控制，将破坏作业环境，危害职工身体健康和损坏机器设备，还会污染大气环境，另外粉尘集聚达到一定程度遇点火源后会引发爆炸。粉尘侵入人身的途径主要有：呼吸系统、眼睛、皮肤等。其中呼吸系统为主要途径。对呼吸系统的危害主要有：尘肺、肺部病变、呼吸系统肿瘤和局部刺激作用等。粉尘危害预防措施是，做好职工职业卫生教育工作，提高职工防护意识，重点做好作业防尘，落实规章制度，做好综合防治，改进工艺设备，加强对除尘设备维护和管理，使除尘设备处于完好和有效状态，落实个人防尘用品的穿戴，严禁高处抛洒，防止二次污染。

（七）高温和辐射伤害事故的预防措施

（1）高温环境下易发生中暑。特别是在夏天更容易发生。防暑降温措施是，第一，改善作业环境，可采取隔热、通风等措施。第二，加强个人防护，穿戴好劳动防护用品。第三，制定合理的休息制度，调整作息时间，改善休息条件。提供清凉饮料，医务监督，定期体检。

（2）严格遵守操作规程，加强对辐射源和高炉的控制。远离放射源，接近时采用屏蔽和隔离。对操作放射性违章的场所进行封闭和隔离，防止无关人员误入。

（八）噪声伤害事故的预防

噪声是一种物理污染，产生对人体听觉损害，以及对神经系统、心血管系统及全身其他器官也有不同程度的影响，造成神经衰弱、血压不稳、肠胃功能紊乱等。出现头痛、头晕、睡眠障碍等病症。在噪声的干扰下，人们感到烦躁、注意力不集中，反应迟钝，不仅影响工作效率，而且降低了对事故的判断处理能力。噪声伤害预防措施是，选择低噪声的设备，改进生产工艺和操作方法，设置隔声间，实行轮换作业，缩短作业人员在噪声环境的时间，加强个人防护佩戴耳塞等。

（九）振动伤害事故的预防

振动职业危害，有局部振动危害和全身振动危害。由于局部肢体长期振动而引起肢端血管痉挛、上肢周围神经末梢感觉障碍及关节骨质改变的职业病。该病典型表现是手指发白，并伴有麻、胀、痛的感觉，手心多汗。全身振动危害是引起交感神经和血管功能的改变，出现血压升高、心率加快、胃肠不适等症状。全身振动引起的功能性改变，在脱离振动环境和休息后，一般均能自行恢复。振动伤害预防措施是，改进作业工具，做好防振，轮流作业，减少接触时间，采用合理的防护用品，定期体检，做好振动病的早期预防工作等。

第五节 炼钢安全技术

一、炼钢安全生产的主要特点

铁水中含有 C、S、P 等杂质,影响铁的强度和脆性等,需要对铁水进行再冶炼,以去除上述杂质,并加入 Si、Mn 等,调整其成分。对铁水进行重新冶炼以调整其成分的过程叫做炼钢。

炼钢的主要原料是含碳较高的铁水或生铁以及废钢铁。为了去除铁水中的杂质,还需要向铁水中加入氧化剂、脱氧剂和造渣材料,以及铁合金等材料,以调整钢的成分。含碳较高的铁水或生铁加入炼钢炉以后,经过供氧吹炼、加矿石、脱碳等工序,将铁水中的杂质氧化除去,最后加入合金,进行合金化,便得到钢水。炼钢炉有平炉、转炉和电炉三种,平炉炼钢法因能耗高、作业环境差已逐步淘汰。转炉和平炉炼钢是先将铁水装入混铁炉预热,将废钢加入转炉或平炉内,然后将混铁炉内的高温铁水用混铁车兑入转炉或平炉,进行融化与提温,当温度合适后,进入氧化期。电炉炼钢是在电炉炉钢内全部加入冷废钢,经过长时间的熔化与提温,再进入氧化期。

(1)融化过程。铁水及废钢中含有 C、Mn、Si、P、S 等杂质,在低温融化过程中,C、Si、P、S 被氧化,即使单质态的杂质变为化合态的杂质,以利于后期进一步去除杂质。氧来源于炉料中的铁锈(成分为 $Fe_2O_3 \cdot 2H_2O$)、氧化铁皮、加入的铁矿石以及空气中的氧和吹氧。各种杂质的氧化过程是在炉渣与钢液的界面之间进行的。

(2)氧化过程。氧化过程是在高温下进行的脱碳、去磷、去气、去杂质反应。

(3)脱氧、脱硫与出钢。氧化末期,钢中含有大量过剩的氧,通过向钢液中加入块状或粉状铁合金或多元素合金来去除钢液中过剩的氧,产生的有害气体 CO 随炉气排出,产生的炉渣可进一步脱硫,即在最后的出钢过程中,渣、钢强烈混合冲洗,增加脱硫反应。

(4)炉外精炼。从炼钢炉中冶炼出来的钢水含有少量的气体及杂质,一般是将钢水注入精炼包中,进行吹氩、脱气、钢包精炼等工序,得到较纯净的钢质。

(5)浇注。从炼钢炉或精炼炉中出来的纯净的钢水,当其温度合适、化学成分调整合适以后,即可出钢。钢水经过钢水包脱入钢锭模或连续铸钢机内,即得到钢锭或连铸坯。

浇注分为模铸和连铸两种方式。模铸又分为上铸法和下铸法两种。上铸法是将钢水从钢水包通过铸模的上口直接注入模内形成钢锭。下注法是将钢水包中的钢水浇入中注管、流钢砖,钢水从钢锭模的下口进入模内。钢水在模内凝固即得到钢锭。钢锭经过脱保温帽送入轧钢厂的均热炉内加热,然后将钢锭模等运回炼钢厂进行整模工作。

连铸是将钢水从钢水包浇入中间包,然后再浇入洁净器中。钢液通过激冷后由拉坯机按一定速度拉出结晶器,经过二次冷却及强迫冷却,待全部冷却后,切割成一定尺寸的连铸坯,最后送往轧钢车间。

二、炼钢的主要设备

(一)转炉炼钢设备

1. 转炉本体系统

包括转炉炉体及其支承系统——托圈、耳轴、耳轴轴承和支承座,以及倾动装置,其中倾动装置由电动机、一次减速机、二次减速机、扭矩缓冲平衡装置等组成。

2. 氧枪及其升降、氧气装置及配套装置

氧枪包括枪体、氧气软管及冷却水进出软管。

根据操作工艺要求氧枪必须随时升降,因此需要升降装置,为保证转炉连续生产,必须设有备用枪,即通过换枪装置,随时将备用枪移至工作位置,同时要求备用枪的氧气,进出水管路连接好。

3. 散装料系统

氧气顶吹转炉炼钢使用的原料有:

(1)金属料——铁水、废铁、生铁块。

(2)脱氧剂——锰铁、硅铁、硅锰、铝等。

(3)造渣剂——石灰、萤石、白云石等。

(4)冷却剂——废钢、铁矿石、石灰石、氧化铁皮等。

供应铁水的设备有:贮存和混匀铁水用的混铁炉,运输铁水用的铁水罐及铁水罐车,铁水包。

废钢及生铁块用专用吊车及废钢斗装入炉内。

氧剂主要为合金料,经烘烤、称量后,由叉车运送至炉后,由铁合金旋转溜槽加入到钢水罐中。

而绝大多数造渣剂,则是从低位料仓经斜桥上料皮带输送机送至高位料仓,需用时,再通过电振给料器、称量斗、汇总斗、下料管直接进入炉内。

4. 活动烟罩及提升装置

转炉吹炼时,产生大量气体(烟尘),经烟罩进入烟气处理系统,烟罩分为固定烟罩和活动烟罩两部分,固定烟罩是装在余热锅炉与活动烟罩之间,活动烟罩在吹炼时降下,接近炉口,这样可减少大量冷空气进入炉气处理系统,降低除尘负荷,同时也利于转炉煤气回收。

吹炼时需上、下升降活动烟罩,其传动方式为机械式,包括重锤、电机、提升减速机及绳链装置等。

5. 烟气净化处理系统

顶吹转炉吹炼过程中产生的大量高温烟尘,首先进入半余热锅炉(烟道)进行余热回收和冷却,而后经一级文氏管、重力脱水器、弯头脱水器、二级文氏管、湿旋脱水器等进行除尘和冷却,脱水后的烟气被抽入一次除尘风机,经水封器之后,被送入贮气罐(煤气柜)回收利用或进行放散。

6. 其他配套设备及系统

转炉配套装置包括前后挡火门、炉下车辆,另外转炉的中压水系统也是很重要的组成部分。

氧枪配套装置包括刮渣器及标尺装置。配套的系统包括了氧枪的供水、供气系统,以及氮封系统。

另外,为了准确地判断吹炼终点,提高钢水命中率、炉龄、产量和钢水质量,以及降低各种消耗等,近年来在许多转炉上,已经应用电子计算机对转炉冶炼过程进行静态和动态相结合的控制,其中最广泛和有效的手段是采用副枪装置,测定钢水温度、钢中含碳量和含氧量,并可同时取样供化验分析,包括测定熔池深度,以供准确确定吹炼枪位等。

(二)电炉炼钢设备

电炉炼钢一般是按造渣工艺特点来划分的,有单渣氧化法、单渣还原法、双渣还原法与双渣氧化法,目前普遍采用后两种。

(1)双渣还原法,又称返回吹氧法,其特点是冶炼过程中有较短的氧化期(≤10 min),造氧化渣,又造还原渣,能吹氧脱碳,去气、夹杂。但由于该种方法脱磷较难,故要求炉料应由含低磷的返回废钢组成。由于它采取了小脱碳量、短氧化期,不但能去除有害元素,还可以回收返回废钢中大量的合金元素。因此,此法适合冶炼不锈钢、高速钢等含 Cr、W 高的钢种。

(2)双渣氧化法,又称氧化法,它的特点是冶炼过程有正常的氧化期,能脱碳、脱磷,去气、夹杂,对炉料也无特殊要求;还有还原期,可以冶炼高质量钢。

目前,几乎所有的钢种都可以用氧化法冶炼。

三、炼钢生产的主要安全技术

(1)弯头或变径管燃爆事故的预防。氧枪上部的氧管弯道或变径管由于流速大,局部阻力损失大,如管内有渣或脱脂不干净时,容易诱发高纯、高压、高速氧气燃爆。应通过改善设计、防止急弯、减慢流速、定期吹管、清扫过滤器、完善脱脂等手段来避免事故的发生。

(2)回火燃爆事故的预防。低压用氧导致氧管负压、氧枪喷孔堵塞,都易由高温熔池产生的燃气倒罐回火,发生燃爆事故。因此,应严密监视氧压。多个炉子用氧时,不要抢着用氧,以免造成管道回火。

(3)汽阻爆炸事故的预防。因操作失误造成氧枪回水不通,氧枪积水在熔池高温中汽化,阻止高压水进入。当氧枪内的蒸气压力高于枪壁强度极限时便发生爆炸。

四、废钢与拆炉爆破安全技术

(1)爆破可能出现的危害:爆炸地震波、爆炸冲击波、碎片和飞块的危害、噪声。

(2)安全对策:一是重型废钢爆破。废钢必须在地下爆破坑内进行,爆破坑强度要大,并有泄压孔,泄压孔周围要设立柱挡墙;二是拆炉爆破,限制装药量,控制爆破能量;三是采取必要的防治措施。

五、钢、铁、渣灼伤防护技术

钢、铁、渣液的温度很高,热辐射很强,又易于喷溅,加上设备及环境的温度很高,极易发生灼伤事故。

(1)灼伤及其发生的原因:设备遗漏,如炼钢炉、钢水罐、铁水罐、混铁炉等满溢;钢、铁、渣液遇水发生的物理化学爆炸及二次爆炸;过热蒸汽管线穿漏或裸露;改变平炉炉膛的火焰和废气方向时喷出热气或火焰;违反操作规程。

(2)安全对策:定期检查、检修炼钢炉、钢水罐、铁水罐、混铁炉等设备;改善安全技术规程,并严格执行;搞好个人防护;容易漏气的法兰、阀门要定期更换。

六、炼钢厂起重运输作业安全技术

炼钢过程中所需要的原材料、半成品、成品都需要起重设备和机车进行运输,运输过程中有很多危险因素。

(1)存在的危险:起吊物坠落伤人;起吊物相互碰撞;铁水和钢水倾翻伤人;车辆撞人。

(2)安全对策:厂房设计时考虑足够的空间;革新设备,加强维护;提高工人的操作水平;严格遵守安全生产规程。

七、炼钢生产事故预防措施和技术

(1)炼钢厂房的安全要求。应考虑炼钢厂房的结构能够承受高温辐射;具有足够的强度和刚度,能承受钢水包、铁水包、钢锭和钢坯等载荷和碰撞而不会变形;有宽敞的作业环境,通风采光良好,有利于散热和排放烟气,要充分考虑人员作业时的安全要求。

(2)防爆安全措施。钢水、铁水、钢渣以及炼钢炉炉底的熔渣都是高温熔融物,与水接触就会发生爆炸。当 1 kg 水完全变成蒸汽后,其体积要增大约 1500 倍,破坏力极大。炼钢厂因为熔融物遇水爆炸的情况主要有:转炉、平炉氧枪,转炉的烟罩,连铸机的结晶器的高、中压冷却水大漏,穿透熔融物而爆炸;炼钢炉、精炼炉、连铸结晶器的水冷件因为回水堵塞,造成继续受热而引起爆炸;炼钢炉、钢水罐、铁水罐、中间罐、渣罐漏钢、漏渣及倾翻时发生爆炸;往潮湿的钢水罐、铁水罐、中间罐、渣罐中盛装钢水、铁水、液渣时发生爆炸;向有潮湿废物及积水的罐坑、渣坑中放热罐、放渣、翻渣时引起的爆炸;向炼钢炉内加入潮湿料时引起的爆炸;铸钢系统漏钢与潮湿地面接触发生爆炸。防止熔融物遇水爆炸的主要措施是,对冷却水系统要保证安全供水,水质要净化,不得泄漏;物料、容器、作业场所必须干燥。

第六节　轧钢安全技术

一、轧钢概述

(一)轧钢的分类

轧钢是将炼钢厂生产的钢锭或连珠钢坯轧制成钢材的生产过程,用轧制方法生产的钢材,根据其断面形状,可大致分为型材、线材、板带、钢管、特殊钢材类。

轧钢方法,按轧制温度不同可分为热轧与冷轧;按轧制时轧件与轧辊的相对运动关系不同可分为纵轧、横轧和斜轧;按轧制产品的成型特点还可分为一般轧制和特殊轧制。周期轧制、旋压轧制、弯曲成型等都属于特殊轧制方法。

此外,由于轧制产品种类繁多,规格不一,有些产品是经过多次轧制才生产出来的,所以轧钢生产通常分为半成品生产和成品生产两类。

(二)轧钢工艺流程

1. 热轧工艺

从炼钢厂出来的钢坯还仅仅是半成品,必须到轧钢厂去进行轧制以后,才能成为合格的产品。从炼钢厂送过来的连铸坯,首先是进入加热炉,然后经过初轧机反复轧制之后,进入精轧机。轧钢属于金属压力加工,说简单点,轧钢板就像压面条,经过擀面杖的多次挤压与推进,面就越擀越薄。在热轧生产线上,轧坯加热变软,被辊道送入轧机,最后轧成用户要求的尺寸。轧钢是连续的不间断的作业,钢带在辊道上运行速度快,设备自动化程度高,效率也高。从平炉出来的钢锭也可以成为钢板,但首先要经过加热和初轧开坯才能送到热轧线上进行轧制,工序改用连铸坯就简单多了,一般连铸坯的厚度为150~250 mm,先经过除磷到初轧,经辊道进入精轧轧机,精轧机由7架4辊式轧机组成,机前装有测速辊和飞剪,切除板面头部。精轧机的速度可以达到23 m/s。热轧成品分为钢卷和锭式板两种,经过热轧后的钢轨厚度一般在几毫米,如果用户要求钢板更薄的话,还要经过冷轧。

2. 冷轧工艺

与热轧相比,冷轧厂的加工线比较分散,冷轧产品主要有普通冷轧板、涂镀层板也就是镀锡板、镀锌板和彩涂板。经过热轧厂送来的钢卷,先要经过连续三次技术处理,先要用盐酸除去氧化膜,然后才能送到冷轧机组。在冷轧机上,开卷机将钢卷打开,然后将钢带引入五机架连轧机轧成薄带卷。从五机架上出来的还有不同规格的普通钢带卷,它是根据用户多种多样的要求来加工的。冷轧厂生产各种各样不同品质的产品,那飞流直下,似银河落九天的是镀锡板,那银光闪闪的是镀锌板,有红、黄、蓝各种颜色的是彩色涂层钢板。镀锡板是制造罐头和易拉罐的原料,又叫马口铁,以前我国所需要的镀锡板全靠进口,自从武钢镀锡板大量生产后,部分替代了进口货。武钢生产镀锡板采取的是电镀锡工艺,这些镀锡板好像镜子一样,光鉴照人,就像诗人描写的:"轧钢工人巧手绘锦帐,千万面银镜送给心爱的姑娘,你知道不知道,在那爱妻牌洗衣机上,有我们汗水的芬芳。"镀锌板的生产工艺有两种,一种是热镀锌,一种是电镀锌。那貌不惊人、包装特别的是硅钢片,它们用在发电设备、机电设备、轻工、食品和家电上。用镀锌板作为基材,在反面涂上各种涂料就成为彩色涂层钢板。由于工艺先进,涂层十分牢固,可以直接用于家电产品和作装饰材料。除了板材以外,轧钢厂也生产长材;如型钢、钢轨、棒材、圆钢和线材,它的生产过程和轧钢原理与板材类似,但是使用的轧辊辊型完全不同。

(三)主要危险源及危险场所和事故类别

1. 轧钢生产过程中的主要危险源

高温加热设备、高温物流、高速运转的机械设备、煤气氧气等易燃易爆和有毒有害气体、有毒有害化学制剂、电器和液压设施、能源和起重设备以及作业高温、噪声和烟雾影响等。

2. 主要危险场所

一是煤气等易燃易爆气体的加热炉区域、煤气和氧气管道等;二是有易燃易爆液体的液压站、稀油站等;三是有高压配电的主电室、电磁站等;四是有高温运动轧件和可能发生飞溅金属或氧化铁皮的轧机、热锯机、卷取机等;五是有辐射伤害危险的测厚仪、凸度仪等;六是发生起重伤害的起重机;七是有积存有毒或有窒息性气体的氧化铁皮沟、坑或下水道等场所。

3. 主要事故类别

机械伤害、物体打击、起重伤害、灼烫、高处坠落、触电和爆炸等。

二、轧钢安全生产的主要特点

轧钢是将炼钢厂生产的钢锭或连铸钢坯轧制成钢材的生产过程,用轧制方法生产的钢材,根据其断面形状,可大致分为型材、线材、板带、钢管、特殊钢材类。

轧钢的方法,按轧制温度的不同可分为热轧与冷轧;按轧制时轧件与轧辊的相对运动关系可分为纵轧、横轧;按轧制产品的成型特点可分为一般轧制和特殊轧制。旋压轧制、弯曲成型的都属于特殊轧制。轧制同其他加工一样,是使金属产生塑性变形,制成具有一品。不同的是,轧钢工作是在旋转的轧辊间进行的。轧钢机为两大类,轧机主要设备或轧机主列、辅机和辅助设备。凡用以使金属在旋转的轧辊中变形的设备,通常称为主要设备。主机设备排列成的作业线称为轧钢机主机列。主机列由主电机、轧机和传动机械三部分组成。

轧机按用途分类有：初轧机和开坯机，型钢轧机（大、中、小和线材），板带机，钢管轧机和其他特殊用途的轧机。轧机的开坯机和型钢轧机是以轧辊的直径标称的，板带轧机是以轧辊辊身长度标称的，钢管轧机是以能轧制的钢管的最大外径标称的。

三、轧钢主要安全技术

1. 原料准备的安全技术

要设有足够的原料仓库、中间仓库、成品仓库和露天堆放地，安全堆放金属材料。钢坯通常用磁盘吊和单钩吊卸车。挂吊人员在使用磁盘吊时，要检查磁盘是否牢固，以防脱落砸人。使用单钩卸车前要检查钢坯在车上的放置状况。钢绳和车上的安全柱是否齐全、牢固，使用是否正常。卸车时要将钢绳穿在中间位置上，两根钢绳间的跨距应保持1 m以上，使钢坯吊起后两端保持平衡，再上垛堆放。400℃以上的热钢坯不能用钢丝绳卸吊，以免烧断钢绳，造成钢坯掉落砸、烫伤。钢坯堆垛要放置平稳、整齐，垛与垛之间保持一定的距离，便于工作人员行走，避免吊放钢坯时相互碰撞。垛的高度以不影响吊车正常作业为标准，吊卸钢坯作业线附近的垛高应不影响司机的视线。工作人员不得在钢坯垛间休息或逗留。挂吊人员在上下垛时要仔细观察垛上钢坯是否处于平衡状态，防止在吊车起落时受到震动而滚动或登攀时踏翻，造成压伤或挤伤事故。

大型钢材的钢坯用火焰清除表面的缺陷，其优点是清理速度快。火焰清理主要用煤气和氧气的燃烧来进行工作，在工作前要仔细检查火焰枪、煤气和氧气胶管、阀门、接头等有无漏气现象，风阀、煤气阀是否灵活好用，在工作中出现临时故障要立即排除。火焰枪发生回火，要立即拉下煤气胶管，迅速关闭风阀，以防回火爆炸伤人。火焰枪操作程序按操作规程进行。

中厚板的原料堆放和管理很重要，堆放时，垛要平整、牢固，垛高不能超过 4.5 m,注意火焰枪、切割器的规范操作和安全使用。

冷轧原料的准备:冷轧原料钢卷均在 2 t 以上,吊运是安全的重点问题,吊具要经常检查,发现磨损及时更换。

(2)加热与加热炉的安全技术

①燃料与燃烧的安全:工业炉用的燃料分为固体、液体和气体。燃料与燃烧的种类不同,其安全要求也不同。气体燃料有运输方便、点火容易、易达到完全燃烧,但某些气体燃料有毒,具有爆炸危险,使用时要严格遵守安全操作规程。使用液体燃料时,应注意燃油的预热温度不宜过高,点火时进入喷嘴的重油量不得多于空气量。为防止油管的破裂、爆炸,要定期检验油罐和管路的腐蚀情况,储油罐和油管回路附近禁止烟火,应配有灭火装置。

②维护保养:工业炉发生事故,大部分是由于维护、检查不彻底和操作上的失误造成的。首先要检查各系统是否完好,加强维护保养工作,及时发现隐患部位,迅速整改,防止事故发生。

③均热炉、加热炉、热处理炉的安全注意事项:各种传动装置应设有安全电源,氢气、氮气、煤气、空气和排水系统的管网、阀门、各种计量仪表系统,以及各种取样分析仪器和防火、防爆、防毒器材,必须确保齐全、完好。

(3)冷轧生产安全技术

冷轧生产的特点是加工温度低,产品表面无氧化铁皮等缺陷,光洁度高,轧制速度快。酸洗,主要是为了清除表面氧化铁皮,生产时应注意:①保持防护装置完好,以防机械伤害;②注意穿戴要求,以防酸液溅人灼伤。

冷轧速度快,清洗轧辊注意站位,磨辊须停车,处理事故时须停车进行,切断总电源,手柄恢复零位。采用 X 射线测厚时,要有可靠的防射线装置。

热处理是保证冷轧钢板性能的主要工序,存在的事故危险有:火灾、中毒、倒炉和掉卷。其防护措施有:①在煤气区操作时必须严格遵守《煤气安全操作规程》,保持通风设备良好;②吊具磨损及时更换,以防吊具伤人。

四、轧钢生产事故预防措施及技术

检修前组织好检修人员和安全管理人员做好安全准备工作,并在检修过程中加强安全监护。重视不安全因素,除有安全防范措施外,检修现场要设置围栏、安全网、屏障和安全标志牌。高空作业必须系安全带。

第七节　工业气体安全技术

一、氧气作业安全

(一)氧气概述

1. 氧气的性质

(1)氧气在自然界中广泛存在,它以游离状态存在于空气中,体积分数为 20.93%;以化合态存在于水、矿物和岩层中以及一切动植物体内。

(2)氧是无色、无味、无臭的气体,比空气重,标准状态下的密度为 1.429 kg/m^3。标准大气压下液化温度为 $-182.98℃$。液氧为天蓝色、透明、易流动的液体。

(3)氧的活性很大,除了惰性气体、活性小的金属元素如金、铂、银、钯之外,大部分的元素都能与氧起反应,这些反应称为氧化反应,而反应产生的化合物称为氧化物。氧有极大的化学活性。氧与其他物质化合生成氧化物的氧化反应,无时无处不在进行。纯氧中进行的氧化反应异常激烈,同时放出大量的热,达到极高的温度。此外,几乎所有的有机化合物,可在氧中剧烈燃烧生成二氧化碳与水蒸气。

(4)氧是优良的助燃剂,它与一切可燃物可以进行燃烧。它与可燃性气体,如氢、乙炔、甲烷、煤气、天然气等,按一定比例混合后容易发生爆炸。氧气纯度越高,压力越大,越危险。各种油脂与压缩氧气接触,易自燃。被氧气饱和的衣物及纺织品,见火即着。(禁止用氧气吹扫身体)

2. 氧气在冶金企业中的应用

冶金工业中氧气的用途很广,钢铁冶炼中,除了需要鼓风即吹入空气之外,还需要供应大量的纯氧,这样可以显著地节能并提高钢铁产量,平炉吹氧的作用为助燃,可强化冶炼过程,缩短冶炼时间,提高平炉的产量。电炉用氧可以加速炉料的融化及杂质的氧化,可以提高生产能力又能够提高特种钢的质量。

(二)氧气燃烧爆炸的危害

1. 氧气燃烧爆炸的条件

可燃物、氧化剂和点火源是氧气燃爆的三要素。

(1)可燃物。包括气体燃料(氢、乙炔、甲烷、煤气、天然气、液化石油气等)、液体燃料(汽油、煤油等)、固体燃料(焦炭、煤等)和其他可以燃烧的物质(纤维、棉花等)。

(2)氧化剂。主要包括氧气和液氧。氧气的浓度越高,压力越高,危险性越大。

(3)点火源。在生产中,常见的引起火灾爆炸的点火源有以下几种:①明火;②热能(火焰及高温表面、高温气体、辐射热);③电能(电火花、静电、雷电、电弧、电晕);④机械能(摩擦与撞击、绝热压缩、冲击波);⑤光能(光线和射线、紫外线、红外线);⑥化学能(触媒、本身放热——分解、氧化、聚合)。

当可燃物与氧混合,并存在激发能源时,必定会引起燃烧,但是不一定爆炸。只有当氧与可燃气体均匀混合,并达到爆炸极限时,遇到激发能源,立即发生爆炸。

2. 氧气燃烧爆炸的类型

(1)物理爆炸。压缩氧气爆炸和液化氧气爆炸是由于气压超过了受压容器或管道的屈服极限乃至强度极限,造成压力容器或管道爆裂,如氧气设施(钢瓶、管道、储存设施)使用年限过久,腐蚀严重,瓶壁变薄,又无检验,以致在充装时或充气后发生物理性超压爆炸,属于物理爆炸。

(2)化学爆炸。有化学反应,并产生高温、高压、瞬时发生爆炸,如氢气与氧气混合装瓶,见火即爆。

3. 氧气爆炸的危害性

压力容器(钢瓶、管道、储罐等)破裂时,氧气爆炸的能量除了很少一部分消耗于将容器进一步撕裂和将容器碎片抛出外,大部分产生冲击波。冲击波有很大的能量,能破坏建筑物和直接伤害人员,氧气爆炸使容器的壳体移位,碎片飞散,具有很大的杀伤力,可直接杀伤人员和损坏设备、管道,引起巨大灾害。

4. 氧气烧伤与火灾

工业用氧纯度很高(99.5%),压力也较高(1.6～15 MPa),是极强的氧化剂。当氧气发生燃烧爆炸时,由于人体本身可燃,很容易被烧伤,而且不易治好,烧伤面积大,深度深,容易造成死亡。氧气造成的火灾比一般火灾严重,它不仅能引燃一般的易燃物、可燃物,烧毁建筑物,而且能将钢管、钢结构件等融化,燃烧温度高,不易扑灭。

(三)氧气储运与使用安全

1. 氧气储罐的安全

氧气储器中比较常见的是中压氧气球罐。对氧气储器的安全应满足以下要求。

(1)在选址及布置上,必须远离火源、冶金炉、高温源,并与可燃气、液储器和管道隔离。与铁路、公路、建筑物、架空电力线保持一定的安全距离,要符合《建筑设计防火规范》的要求。

(2)氧气储罐的设计、材料、耐压性能等必须符合国家有关的规定。

(3)焊接要严格把关。经压力容器焊接培训考核取得操作资格证的焊工方准施焊,一般采用 x 形坡口双面焊接,要焊透,不得有夹杂、裂纹、弧坑、气泡、咬肉等缺陷。施焊前要预热,焊条要烘干,焊缝返修不得超过两次。焊缝全部要用超声波探伤仪检查(内外表面检查),并用磁粉探伤仪检查表面,用 X 射线拍片检查,抽查的比例越大越好。三类容器要 100% 用 X 射线拍片检查。

(4)氧气储罐要严格除锈脱脂。一般采用喷砂工艺,将金属表面打亮打光,既除锈又脱脂。为防止氧化,内壁要涂一层以锌粉、水玻璃为主调制而成的无机富锌涂料。储罐投用封人孔前,必须将内部杂物清除干净,用四氯化碳脱脂。

(5)要做强度试验、气密性试验。

①强度试验。氧气储罐安装完毕,必须作水压强度试验,检查施工质量,确保其安全可靠性。试验压力为设计最高工作压力的 1.25 倍,在试验压力下应稳压观察 10～30 min,无压降、外观无变形,无渗水、无破裂者为合格。试压水一定要干净无油脂,强度试验结束后,水要放净吹干,以免锈蚀。强度试验也可与温水超载水压试验消除焊接残余应力一起做。强度试验也可采用氮气或无油压缩空气来做,试验压力为设计最高工作压力的 1.15 倍。

②气密性试验。强度试验合格后,用氮气或无油空气在设计最高工作压力下进行气密性试验,同时用无脂肥皂水查漏,以检查储罐的严密性,24 h 的泄漏率小于 5% 的为合格。

气密性试验合格后,要用无油空气或氮气对储罐进行吹刷,直至用白布擦拭看不到水、杂质为止。或者从人孔进入清扫干净后用四氯化碳脱脂。

2. 液氧储罐的安全

氧由液体变为气体时体积要扩大 800 倍。所以,对液氧的安全要求比氧气更严格,除一般要求外,还要防止液氧中乙炔积聚析出而产生化学爆炸,防止液体剧烈蒸发而产生物理爆炸,防止低温液体冻坏设备和冻伤人员等。

(1)液氧储罐一般放置在空分装置近旁的安全地点,远离火源、热源及可燃物。

(2)粉末真空绝热型液氧储罐,内筒采用低温性能良好的不锈钢、外筒用碳钢制作,夹层充以珠光砂绝热材料,并抽真空至 3 Pa,达到绝热程度,以防止液氧剧烈蒸发超压。

(3)珠光砂绝热型液氧储罐,内筒为高强合金铝、外筒为碳铜制作,夹层充以足够厚度的珠光砂绝热材料,底层用一定厚度的泡沫玻璃砖或矿渣棉绝热,以防液氧剧烈蒸发超压。液氧储罐的基础要防水抗冻,适应低温工况的要求。

(4)液氧储罐内壁要用四氯化碳脱脂。由于内筒是不锈钢或高温合金铝,一般采用氩弧焊接。

(5)液氧储罐内外筒均要做强度试验与气密性试验。

(6)液氧储罐严禁超压。

(7)为了减小液氧储罐的冷量损失,防止因剧烈蒸发而超压,粉末真空绝热型液氧储罐,必须经常监测夹层的真空度和罐压,必要时用抽真空的办法提高夹层的真空度。对于粉末(珠光砂)绝热型液氧储罐,夹层珠光砂要充实、充满,并充干氮干燥珠光砂,以提高绝热程度。

(8)液氧储罐内的液氧不断蒸发,乙炔浓度有可能提高,产生积聚而析出。为了防爆,液氧储罐内的液氧应尽量边充边用,经常更新,防止乙炔积聚。每周分析一次液氧中的乙炔含量,超过标准要将液氧排空。

(9)防止液氧泄漏,冻坏设施与冻伤人。

(10)液氧储罐应维持正压,防止吸入湿空气,造成冻结堵塞。液氧储罐开始使用前,要用干氮吹刷,清除水分。

(11)压力表、真空计、液面计及报警系统、安全阀等,均要定期校验,要求准确、灵敏,确保安全。

(12)氧有磁感性,在放电作用下,易形成化学活性极高的臭氧,这是一种引爆激发能源。故液氧储罐周围半径 30 m 以内的范围,严禁明火或电火花,必须用防爆电器。

3. 氧气管道的安全

冶金企业的用氧户大都敷设压力为 3 MPa 的中压系列的氧气管道,管路长、分布广、阀门多、管网复杂,燃爆事故较多,安全问题较为突出,对安全管理有严格的要求。

(1)氧气管道及液氧管道要可靠地接地,接地电阻小于 10Ω,防止雷电及摩擦引起的静电感应,以免引起燃烧事故。

(2)氧气管道有架空、埋地敷设两种,一般以架空为好。架空管道与电线、铁路、道路、建筑物、高温车间和明火作业场所等必须保持规定的安全距离。

(3)氧气管道与煤气管道共架时,管道间平行或交叉的净距不小于 500 mm。燃油管道不宜与氧气管道共架敷设,必要时,燃油管在下,氧气管在上,安全净距离不少于 500 mm。乙炔管只有当与氧气管用途相同时才允许共架,乙炔管要架在氧气管的上方(因乙炔气比氧气密度小),净距离不小于 1000 mm。

(4)车间内部架空敷设氧气管道时不得穿越生活福利间和行政办公区,防止氧气泄漏造成事故。

(5)转炉、平炉、高炉、自动火焰清理机等大用户的氧气管道,主管端头应设放散管,便于吹刷清扫。放散管要伸出屋顶或墙外空旷无明火处,放散管口应高出建筑物 4.5 m。车间调节阀组前应设氧气过滤器,以清除焊渣、铁锈等杂物,避免摩擦起火。

(6)氧气管道的直径、材质选择、安全流速应按有关规定来确定。

一般氧压越高,危险性越大,允许的最大安全流速愈小,避免高速氧气与碳素钢管摩擦起火。氧气站内的管路系统,低压可用合金铝管,中压宜用不锈钢管或铜管。铜材摩擦不起火,高温只会熔化,不会燃烧,抗燃烧能力最强。低碳钢燃烧温度偏低,燃烧速度最快,抗燃烧能力很差。不锈钢介于两者之间。液氧管道一般采用不锈钢管或铜管,流速 0.5~1.0 m/s。

(7)氧气管道的布局要合理,支撑牢固适宜,减少弯头,特别是减少和避免采用短距离内三度空间直角弯,防止管道振动,振裂焊缝,振松接盘,造成氧气外泄爆炸事故。

(8)氧气阀门必须严格脱脂,工作压力高于 1.6 MPa 的应使用铜合金或不锈钢阀门,工作压力低于 1.6 MPa 的可使用锻铸铁、球墨铸铁或钢制阀门。不准使用闸板阀,因闸板滑槽易存铁锈,关不严,操作时挤压滑槽铁锈,易引起燃爆事故。与氧接触的部位严禁用可燃材料制作,如阀门密合圈应采用有色金属、不锈钢或聚四氟乙烯,或用气动快速切断阀远距离操作,以免发生事故时伤人。为减小局部阻力损失,减少摩擦,弯头宜煨制,不要拼焊。

(9)氧气管道要除锈与脱脂。大口径氧气管道一般用喷砂工艺除锈和脱脂,也有在喷砂后再用四氯化碳浸泡脱脂。小口径氧气管道一般用四氯化碳灌泡、清洗脱脂,以防止氧气管道燃爆事故。

(10)氧气管道的焊接应采用氩弧焊或电弧焊(一般用氩弧焊打底,减少焊渣),必须确保焊接质量。焊缝全部要做外观检查,并抽查15%作无损探伤(超声波探伤或 X 射线拍片检查)。

(11)氧气管道油漆成天蓝色,压缩空气管道为深蓝色,纯氮管道为黄色,污氮管道为棕色,蒸汽管道为红色,上水管道为绿色,下水管道为黑色,输油管道为橙黄色,煤气管道为黑色。漆色时要谨防弄错。

(12)氧气管道要经常检查维护,除锈刷漆 3~5 年一次,测管道壁厚 3~6 年一次,校验管道上的安全阀、压力表每年一次,要求灵敏好用,防止超压,防止泄漏。

(13)氧气管道不得乱接乱用,严禁用氧吹风、用氧生炉子。不得在氧气管道上打火引弧。

(14)氧气管道动火,必须办理动火票手续。氧气要处理干净(放散或用氮气置换),含氧量小于 25%,方准动火。

(15)氧气管道进行重大作业时,必须预先制定详细作业方案(包括流程、方法、步骤、时间、分工、范围、责任、监护、确认等),并经有关领导和部门批准。

(16)氧气管道附近有液氧汽化补充设施时,切忌低温的液氧进入常温的氧气管道,以免产生液氧剧烈汽化,造成恶性燃爆事故。

4. 氧气钢瓶的安全

氧气是强氧化剂。氧气钢瓶系移动式高压气瓶,数量大,流通范围广,使用条件多变,安全问题突出,必须严加管理。

(1)气瓶标志与漆色

①气瓶标志。打在气瓶肩部的技术数据钢印,叫气瓶标志。其中,由气瓶制造厂打的钢印叫原始标志或制造钢印。氧气体制造厂或专业检验单位,在历次定期检验时打的钢印叫检验标志或检验钢印。

识别气瓶标志,是正确选择气瓶,防止错充、错运、错储、错用、错检和错管的关键。

②气瓶漆色。为了使气体使用者从气瓶外表面识别气体种类和危险程度,避免气瓶在充装、运输、储存、使用和定期检验中造成混淆,发生事故,为了保护气瓶外表面不被腐蚀,气瓶要有规定漆色。氧气瓶外表为天蓝色,字样为黑色。

(2)氧气钢瓶的定期检验

①检验目的与周期。氧气钢瓶在使用中,环境的影响,瓶内水分的腐蚀、氧化,以及反复充填压力变化,均会引起材料的疲劳破坏等。为了氧气瓶的安全,除加强日常维护外,必须进行定期检验,周期为

3 年。

②检验项目与建档。检验项目有钢瓶外表面检查、内表面检查、称重量与测实际容积、水压试验及测定容积残余变形率、测气瓶壁厚与强度校核乃至探伤检查等。经过检验，根据标准判定合格、降压使用或报废。定期检验气瓶要专门建档备查，检验单位要由有资质的专门机构进行。

（3）氧气钢瓶充装安全

①充装前要严格检查，有下列情况之一者不得充装：

a. 漆色、字样与所装气体不符，模糊不清（严防混装、错装）。

b. 安全附件（防爆膜、防震胶圈、瓶帽等）不全、损坏。

c. 瓶内无余压，不知是何气。

d. 钢瓶标志不全或不能识别。

e. 超过水压期。

f. 瓶体外观明显有撞、烧、摔等痕迹，或有腐蚀严重危及安全的缺陷。

g. 氧气瓶身或瓶阀沾有油污等。

②充装完毕，压力不得超过气瓶设计压力，严禁超压充装。充氧台严禁烟火、油脂。缓慢操作阀门，以免氧气剧烈冲击和绝热压缩发热。高压时不能插入空瓶充填（重、空瓶间压差大，氧气流速过快，危险）。采用铜阀、紫铜管。氧气管道要安全接地。

（4）氧气钢瓶使用、运输和储存安全

①使用安全

a. 禁止敲击、碰撞。

b. 瓶阀冻结时，不得用火烘烤。

c. 不得靠近热源，与明火距离不得小于 10 m。

d. 不得用电磁起重机搬运。

e. 夏季要防日光暴晒。

f. 瓶内气体不能用尽，必须留有余压。

g. 阀门开关要缓慢,人站立侧面。

h. 使用时手及工具要禁油污。

②运输安全

a. 旋紧瓶帽,轻装轻卸,严禁抛滑和撞击。

b. 气瓶装车应妥善固定,汽车装运一般横向放置,头朝一方,装车不得超过车厢板。

c. 夏季要有遮阳设施,不得暴晒。

d. 车上禁止烟火,不得与易燃品、油脂和带油污物品同车运输,不得与氢气瓶同车运输。

e. 运输车辆不得在人口稠密的闹市区或危险场所停留。

③储存安全

a. 旋紧瓶帽,放置整齐,留有通道,妥善固定,一般进安全栏内,卧放时防止滚动,头朝一方,堆放不应超过五层。

b. 气瓶仓库建筑应符合《建筑设计防火规范》的有关规定。

c. 炎热夏季,要注意瓶库温度,必要时应设法降温。

d. 瓶库地面应平坦、粗糙、不滑,门窗朝外开。

e. 瓶库严禁用煤炉、电炉等明火采暖,瓶库必须防雷,接地良好,室内照明采用防爆。

5. 使用低温液体的安全要求

(1)防冻伤

标准大气压下,液氧温度为-183℃,液氩温度为-186℃,液氮温度为-196℃。低温液体与皮肤接触会造成严重冻伤。使用及排放时,一定注意防护,避免直接接触低温液体。

(2)防燃爆

使用及排放液氧时要严禁烟火、油脂、有机物、可燃物,防止燃爆。

(3)防窒息

使用液氮不得随意在室内放空,室内通风换气良好,防止氮气窒息。

(4)防超压

对于储存液氧、液氮、液氩等低温液体的容器,必须严加管理,绝热层的效果要良好,外壁不"冒汗",不"挂霜"。要经常注意容器压力保持在安全范围内,防止超压造成燃爆恶性事故。

二、氮气作业安全

(一)氮气概述

氮气,常况下是一种无色无味无臭的气体,且通常无毒。氮气占大气总量的 78.12%(体积分数),是空气的主要成分。常温下为气体,在标准大气压下,冷却至−195.8℃时,变成没有颜色的液体,冷却至−209.86℃时,液态氮变成雪状的固体。氮气的化学性质很稳定,常温下很难跟其他物质发生反应,但在高温、高能量条件下可与某些物质发生化学变化,用来制取对人类有用的新物质。氮气在冶金企业中主要用于退火保护气、烧结保护气、氮化处理、洗炉及吹扫用气等。其广泛应用于金属热处理、粉末冶金、磁性材料、铜加工、金属丝网、镀锌线、半导体、粉末还原等领域。

(二)氮气的危害

氮气使用不当会造成人员窒息死亡和设备爆炸事故。

1. 氮气窒息死亡

氮气本身无毒无害,但空气中含氮量增加会减少含氧量,使人呼吸困难。若吸入纯氮,会因严重缺氧而窒息死亡。

2. 氮压机爆炸事故

氮气本身是惰性气体,不燃爆。氮压机的汽缸用油润滑时,当氮气中混入氧气或氧含量过高,会引起燃爆事故。

(三)氮气事故的预防

1. 使用氮气的燃爆事故及预防措施

冶金工厂使用氮气时,如果氮气中含氧量较高,或者氮气压力过低乃至断气,极易造成事故。轻者,热处理炉内钢板或零部件氧化,出废品;重者,形成爆炸性混合物,触发恶性燃爆事故。因此,对氮气的纯度、压力有严格要求,要保质、保量、连续稳定地供应。使用氮气的冶金工厂应该采取如下的防爆预防措施。

(1)要有完善的氮气压、送系统。氮压机运行要可靠,并要有备用机组,确保正常供应量与高峰负荷的需要。

(2)要有完善的氮气储存系统。0.3 MPa 中压氮气球罐要有足够的储量,满足用户高峰用氮、事故用氮的需要,调节供需的不平衡。重点用户应设置用户球罐,以满足特殊要求。当供气压力降低时,由储罐通过专设的调节阀组自动补气,使压力平衡。当氮压机停车、氮压站停电或氧站事故停产等事故状态时,靠球罐释放氮气,维持用户的氮量需要。当氮气纯度降低时,也可暂时靠球罐释放氮气来维持用户需要。此外,中压氮气球罐可用于油库灭火,但必须专用。

(3)要有完善的计控监测系统。氮气输出管道设置氮气纯度自动分析仪及超标报警装置。氮气输出管道设置氮气低压报警装置,低压时报警并自动采取措施。球罐与管网之间设置调压阀组,低压时自动由球罐向管网送气,保证氮气压力,消灭低压和中断氮气事故。调节阀组要灵敏可靠。仪表气源最好从氮气球罐接出。即使氮站停产,调节阀组也有气源,确保事故用氮。调节阀最好带手动装置,特殊情况能手动操作。空气分离装置与氮压站间设紧急情况联系信号,当空分装置停车时,能手动或自动向氮压站报警,采取措施,防止氮压机进出低纯氮气(空分装置停车时,精馏工况被破坏,氮气纯度下降)。

(4)氮压站必须有严格的技术操作规程,并认真贯彻执行。氮压机开车必须首先吹刷管路放空。氮压站全停后开车,必须化验氮气入口纯度,合格后方能启动。

(5)当多台空分装置同时向一个氮气系统供氮时,每台空分装置都必须设置氮气控制阀门,空分装置停车,立即关闭阀门。阀门要严密可靠,避免停车后低纯氮气串入系统,造成氮气含氧量超标而发生事故。

2. 氮气窒息事故的预防

(1)不得将纯氮气排入室内,氮压机机房要通风换气良好,必要时强制通风换气。

(2)在氮气浓度高的环境里作业时,必须佩戴氧(空)气呼吸器。

(3)检修充氮设备、容器、管道时,须先用空气置换,分析氧含量合格后,方允许工作。

(4)检修时应派专人看管氮气阀门,以防误开阀门而发生人身事故。

3. 氮压机爆炸事故的预防

氮气本身是惰性气体,不燃爆。氮压机的汽缸用油润滑时,当氮气中混入氧气或氧含量过高,会引起燃爆事故。冶金工厂曾发生过多起此类事故,应采取以下预防措施。

(1)不能选用汽缸用油润滑的氮压机,应选用无油润滑型,这样既能防爆,又能确保氮气质量。

(2)停车后开车时要注意氮压机吸入氮气的纯度,空分装置的氮气纯度合格者才能送往氮压站,否则应放空。管路先用氮气吹刷,纯度合格方能开机,杜绝含氧量过高。这样,既能防爆,又能满足用户对氮气纯度的要求。

三、煤气作业安全

(一)煤气概述

1. 煤气的性质

(1)煤气中各种气体的理化性质。煤气是由一些单一气体混合而成的,其中可燃气体成分有一氧化碳、氢气、硫化氢和碳氢化合物;不可燃气体成分有二氧化碳、氮气、少量的氧气及粉尘微粒组成。

(2)甲烷。无色气体,微量葱味,难溶于水,与空气混合可形成爆炸性气体,爆炸界限为 5.4%~15%,着火温度为 650~750℃。

(3)氢气。无色、无味气体,难溶于水,爆炸范围为 4.2%~74%,着火温度为 580~590℃。

(4)一氧化碳。无色无味气体,爆炸范围为 12.5%~74.2%,着火温度为 644~658℃,毒性极强,标准状况下气体密度为 1.25 g/L,和空气密度(标准状况下 1.293 g/L)相差很小,这也是容易发生煤气中毒的因素之一。它为中性气体。

(5)氮。无色无味气体,不燃烧,空气中氮气含量增高时会造成缺氧窒息。

(6)硫化氢。无色气体,有恶臭(臭鸡蛋味),爆炸范围为 4%~44%,自燃点 260℃,有毒性。

(7)二氧化碳。无色无味不燃性气体,正常大气中含量为 0.03%,能溶于水和乙醇,空气中 CO_2 含量增加时有发生窒息的危险。

煤气作为气体燃料,具有输送方便、操作简单、燃烧均匀以及温度、用量易于调节等优点,是工业生产的主要能源之一。在冶金企业里,煤气是高炉炼铁、焦炉炼焦、转炉炼钢的副产品,又是冶金炉窑加热的主体热料。

2. 煤气的种类

(1)高炉煤气

高炉煤气是无色无味、有毒的可燃气体。发热量在 3349.44~4186.8 kJ/m³,燃烧温度为 1500℃左右,着火点为 700℃左右,煤气中含有 30%左右的 CO,如果泄露,极易造成中毒事故,含氮气和二氧化碳之和近 70%,会给人造成喘息甚至窒息。高炉煤气与空气或氧气混合达到一定比例,或遇明火或 700℃左右的高温就会爆炸。

(2)转炉煤气

转炉煤气的成分,在吹炼周期内,不同时期有不同的成分,而且与回收设备,操作及净化回收条件有关。转炉煤气是有毒的可燃气体。其发热量在 $7117.56 \sim 8373.6 \ kJ/m^3$,煤气中含量有 55% 以上的 CO,泄露出来极易造成中毒事故,转炉煤气与空气或氧气混合达到一定比例时,遇明火就会爆炸。

(3)焦炉煤气

净化后的焦炉煤气是无色、有臭味的有毒气体。发热量为 $16747.2 \sim 18421.9 \ kJ/m^3$,着火温度为 $550 \sim 650℃$,理论燃烧温度为 $2150℃$ 左右。焦炉煤气与空气混合达到一定比例,遇明火或 $550℃$ 左右高温就会产生强烈的爆炸,焦炉煤气中的 CO 含量较高炉煤气少,但也会造成中毒事故。

(4)发生炉煤气

发生炉煤气是由固体燃料(煤、焦炭)在发生炉加热的过程中,通入空气及蒸汽使之不完全燃烧产生的。净化后的发生炉煤气是无色的,有一些异味的可燃气体。含 CO 在 20% 左右,着火点在 $650 \sim 700℃$,理论燃烧温度为 $1300℃$,中毒及爆炸的危险介于高炉煤气与焦炉煤气之间。

(二)煤气中毒事故的预防和处理

1. 煤气中毒事故的预防

在煤气三大事故中,煤气中毒事故发生的几率比较多,在回收、净化和输配、使用的各个环节中,稍有不慎,就会造成人员的中毒。例如,1991 年 1 月 7 日,上海某厂三炼钢分厂一氧化碳回收系统操作工,凌晨因疏于调整吸收塔液位,造成吸收塔液位高于煤气进气水平管,导致吸收液倒灌,煤气系统压力升高,击穿煤气水封,造成 4 人中毒死亡。但只要我们树立"安全第一"的思想,掌握煤气基础知识,做好以下工作就能预防煤气中毒事故的发生。

(1)建立健全落实各项规章制度(岗位责任制、双人操作制、定期检测制、监护制、进入设备内部作业的签证制等),开展对煤气设备、设施、装置的安全性评价,提高其安全可靠程度。

(2)在措施上加以防范,完善煤气防护、报警系统。

①对进入危险区域作业的人员配备一氧化碳便携式检测仪,对用量大、流量高、危险程度高的作业场所,建立集中控制、监察报警系统。

②根据本企业的特点,建立相应等级的煤气防护机构,并设立兼职或专职煤气防护员。

③危险性大的作业现场及煤防人员应配备足够的呼吸防护器材,以防在万一发生煤气泄漏事故时作抢救之用。

2. 煤气中毒事故的处理

(1)将中毒者迅速救离现场,安置在空气新鲜的上风或侧风处,解除一切阻碍呼吸的衣物,并注意保暖。

(2)根据中毒者的情况采取相应的急救措施。

(三)煤气着火事故的预防与处理

煤气的危害性除会造成人员中毒外,由于其具有可燃性,若操作处理不当或设备缺陷也很有可能造成火灾、爆炸事故。火灾与爆炸事故从诱发类型来看,有独立的,也有相互联系的,也就是说可能先有着火事故,再由着火引发爆炸事故,也有可能由于煤气爆炸使煤气外泄而引起着火事故。

1. 煤气着火事故的预防

煤气的着火燃烧同样存在三个基本条件,即有可燃物、助燃物、引火源。要预防和控制煤气着火事故的发生,一般也就从这几方面入手,但要预防煤气燃烧引起火灾,其着重点还是放在控制引火源方面。为此,要做好以下几个方面的工作。

(1)控制煤气外泄。对煤气的生产设备、回收净化装置、输配管道、容器等要尽可能密闭。对内部具有压力的设备,在使用前应进行气密性试验,试验及验收标准应严格按 GB 6222—2005《工业企业煤气安全规程》的要求,对煤气水封、阀门、人孔等经常作严密性检查,特别是排水管、阀门、焊缝及设备腐蚀情况应有定期检查制度,发现有泄漏或腐蚀严重,应立即采取措施,杜绝泄漏现象。

(2)加强对煤气区域的管理。在煤气设备、设施附近划分管理范围,明确管理责任。在煤气区域边界及边界以内,设立醒目的安全标志与警示牌,无关人员不得进入。对危险性较大的煤气区域或因其他原因近阶段危险性增加的区域,进入前要进行签证,落实有效的安全措施,并严格管理火种。

(3)防止无意带入火种。煤气区域内不得堆放易燃物品,临时放置的应有安全防范措施,并在规定的时间内予以清除。煤气区域内不得有明火、高温物品,严禁在煤气区域、场所抽烟。

(4)煤气设备动火,应办理动火申请手续,落实安全措施。

(5)防火间距、煤气设施、区域的平面布置应从全面考虑,合理布局,正确处理生产与安全、局部与整体、近期和远期的关系。总平面布置应符合防火、防爆基本要求,满足设计规范及标准的规定。合理布置消防通道、输配管线。

2. 煤气着火事故的处理

煤气着火后,对火焰不大的初起火情,即用灭火器、黄沙、湿泥等扑灭。管道直径小于 100 mm 的煤气管道着火,可直接关闭阀门,切断煤气来源,以达到熄火的目的。直径大于 100 mm 的煤气管道着火,应先向煤气管道内通蒸汽或氮气,再关闭阀门,以防止煤气回火。

这里应该注意的是,如果扑灭了火焰,煤气不经过燃烧直接外泄在空间,若这时在泄漏危险范围内有人作业,则有可能发生中毒事故。所以,处理煤气着火事故应从多方面加以考虑,防止发生其他事故,且要有专人指挥,设立警戒范围,灭火人员要做好自我防护准备。若发生煤气中毒事故,应按中毒急救原则处理。对已被火焰烧伤的病人,不可盲目处理创伤面,应由医务人员或在其指导下进行,并及时送医院诊治。

(四)煤气爆炸事故的预防和处理

1.煤气爆炸事故的预防

煤气爆炸的条件是煤气与空气或氧气混合,在一定的空间范围内达到可爆炸的浓度,也就是说在爆炸极限范围内,若遇点火源,即会发生爆炸。

(1)要防止煤气爆炸事故,控制煤气与助燃气体的混合至关重要。所以,要求煤气设备、管道在正压下操作,保持其严密,特别是回收煤气,应严格掌握煤气中的含氧量,一旦超过规定要求,应立即停止回收。

(2)对停止运行的煤气设备、管道,一般采取保压处理,长期停用的设备,应进行置换,可用氮气或蒸汽进行吹扫,经测定后应符合安全要求。经处理后的设备、管道还应打开足量的盖板、人孔,一方面可以接通大气,使设备、管道内部与大气产生对流,另一方面在万一发生爆炸时,可有足够的泄爆面积,不至于损坏煤气设备。

(3)控制煤气事故的另一个重要环节,是控制引爆能源。因为作为煤气引爆源的火种很多,故应根据现场的不同情况,采用相应的控制手段,如在有爆炸危险的场所使用防爆电气设备,严禁堆放易燃物品等。

(4)煤气爆炸事故除正常生产时,由于设备故障、操作失误等原因会引起外,煤气的动火作业也容易发生事故。所以,动火管理工作执行应相当严格,不论是经过置换后常压动火,还是带压动火,控制不当都会发生爆炸事故。所以,经过置换后的煤气设备动火前,应进行取样分析,符合动火安全要求后方能动火,在办理好动火手续后,现场应有专人监护。动火完毕应及时清理火种,并应有认可手续。带压动火应严格控制煤气压力,要有专人监视,一旦发现压力波动较大,应立即通知停止作业。

(5)在使用煤气过程中,也应防止煤气爆炸事故的发生,炉窑、烧嘴点火,应严格执行先点火后给煤气的原则。炉窑一次点火不成功,应排尽炉膛内残余煤气,然后再按点火操作程序操作。

(6)为了防止煤气爆炸事故的发生,应加强对危险区域的管理,可将有气体爆炸危险的场所,按其危险程度的大小分为如下三个区域等级:

①0级区域(简称0区)。在正常情况下,爆炸性气体混合物连续短时间频繁地出现或长时间存在的场所。

②1级区域(简称1区)。在正常情况下,爆炸性气体混合物有可能出现的场所。

③2级区域(简称2区)。在正常情况下,爆炸性气体混合物不能出现,仅在不正常情况下偶尔短时间出现的场所。

2.煤气爆炸事故的处理

煤气爆炸事故发生后,应有组织地进行处理,及时保护现场,立即抢救受伤人员。进入煤气区域的抢险人员,必须注意爆炸现场的煤气扩散情况,特别在爆炸现场的下风处,应及时组织人员撤离,防止飘逸的煤气引起人员中毒。抢险人员在进入有残余煤气的区域时,应佩戴防毒面具,抢险组织者应组织有关人员采取有效的措施防止事故扩大。

事故发生后,应遵循"四不放过"的原则,对事故进行认真的分析,以杜绝类似事故再发生。

四、氢气作业安全

(一)氢气概述

氢气一种重要的工业气体。无色、无味、无臭、易燃。常压下沸点-252.8℃,临界温度-239.9℃,临界压力1.32 MPa,临界密度

30.1 g/L。在空气中含量为 4%～74%(体积)时,即形成爆炸性混合气体。氢在各种液体中溶解甚微,难于液化。液态氢是无色透明液体,有超导性质。氢是最轻的物质,与氧、碳、氮分别结合成水、碳氢化合物、氨等。天然气田、煤田以及有机物发酵时也含有少量的氢。氢气还是优良的还原剂,高温下化学活性极大。

氢气在冶金工业中有广泛的用途,如冷轧厂、硅钢片厂的各种退火炉及镀锌炉用氢气作氮氢保护气;氧站制氩工艺的加氢除氧;氮气净化生产中,通氮氢混合气体作还原剂,还原催化铜炉的活性铜等。

(二)氢气的危害

氢气易燃易爆,与氧、空气混合可形成爆炸性气体。与氧混合后的爆炸范围为 4.0%～94.0%;与空气混合后的爆炸范围为 4.0%～74.5%,爆炸下限低,爆炸范围广。火焰温度高,火焰传播速度快,最小引燃能量低,极其危险,极易燃爆。

(三)氢气生产及使用的安全

氢气生产与使用最重要的是要防止燃烧与爆炸。

(1)氢气站属甲类火灾危险性建筑物,必须符合《建筑设计防火规范》的有关要求,一般应单独建于明火热源的上风向的僻静处,与四周隔离,严禁烟火。站内不准堆放易燃易爆或油类物质,不准穿钉鞋进入。

氢气站的建筑结构必须符合耐火等级要求,一般不低于二级。轻质平盖屋顶,氢气不易积于死角,并考虑足够的泄压面积。与其他建筑物间有足够的安全间距,一般为 12～16 m。氢气储罐与明火或散发火花的地点、民用建筑、易燃可燃液体储罐和易燃材料堆场等之间的安全距离,一般为 25～30 m。

(2)氢气站的防雷接地要良好,防止静电感应,避免一切火花引爆。氢气站内要用防爆电器,包括防爆电动机,防爆开关,防爆启动器等。

（3）氢气管道要架空敷设，不许敷设在地沟中或直埋土中，以利排除故障和排出泄漏的氢气，避免燃爆。氢气管道不得穿过无关的建筑物和生活区。管道的最低点要设排水装置，最高点设放散吹刷管，管口设阻火器，防止火星或雷击时火花进入管道。

管道上应设氮气吹扫口，用氮气置换氢气后才能进行管道的动火作业。为防止氢气流速过高，与管壁摩擦产生火花和静电感应，要选择适当的管道口径，限制氢气的流速（小于 8 m/s）。

为杜绝因氢气泄漏而引起火灾，氢气管道要作强度试验与气密性试验，合格的方能投用。发现泄漏，要及时处理，消除隐患。

（4）氢气站的水封、安全阀、阻火器等安全装置必须完好。在氢气管路上、氢气洗涤器出口、氢气储罐进出口、备用出入口等处，均应设置水封，防止回火。冬季要防冻，一般通蒸汽保温。

（5）氢气站要有通风换气设施，防止氢气积聚引爆。室内含氢量要自动检测，超标报警，或定期进行人工检测，室内含氢量应低于 0.4%。

（6）电解槽体及碱液系统的设备要防止腐蚀。一般采用不锈钢等耐蚀材料制作。

（7）氢气站不仅要严禁烟火，而且要有严密的安全保卫制度，配置足够的消防器材，"干粉"、二氧化碳泡沫灭火器、沙、水及消防氮气管道等。

（8）开车前，必须先用氮气置换系统（包括管路、汽水分离器、洗涤器、储罐等）内的空气，开车后再用氢气赶氮气，避免氢气与空气混合形成爆炸气体。开车前，必须检查电解槽的电极接线，对地绝缘电阻应大于 1 MΩ，只有在确认电解液配制质量合格（NaOH20%～26%或 KOH30%～40%），电解槽运行正常，氢气纯度合格后，方能将氢气送入系统。发现电源短路、漏电或出现火花，气体纯度急剧下降，氢、氧压差过大，漏气漏电解液严重，电解液停止循环，电压急剧上升等现象时，要立即停车检查。

(9)停车后对设备、管路、储罐进行清洗、检修、焊接之前,必须先用氮气置换氢气,防止氢气与空气混合形成爆炸性气体,并经过化验,含氢量低于 0.4% 方准动火。

(10)制氢生产中氢侧与氧侧的压力要均衡,最大压差不超过 1000 Pa,防止氢氧互窜,形成爆炸性混合气体。

(11)制氢系统要严格试压查漏,防止泄漏氢气、氧气和碱液。

(12)严禁在室内放散氢气,必须用管道引至室外放散,放散口设阻火器。

(13)加强监测工作。氢气纯度若低于 98%,要立即采取措施,防止氢中含氧量过高而引起爆炸。每周测一次极间电压,极间电压要均衡正常,一般为 2.0~2.2 V。室内氢气浓度也要监测,超标报警。

(14)氢压机的安全防爆尤为重要。氢气升压要缓慢,不得带负荷停车(事故状态例外)。运转时要保证冷却与润滑,注意吸排气阀的工作状况,严禁超温超压运行。汽缸应采用无油、无水润滑,要防止传动装置润滑油被拉杆带入填料盒及汽缸,污染氢气,降低纯度。

(15)氢气储柜要防雷,接地良好。水槽设蒸汽管,防止冬季冻坏储柜漏氢气。出入口设有安全隔离水封,事故状态时防止火灾蔓延与爆炸。储柜钟罩位置要有标尺显示,并有高低报警,防止超压或抽负压。

(16)中压氢气球罐,比氧气球罐的燃爆危险性更大,必须严格遵循国家有关规定。

(17)一旦氢气着火,必须立即切断气源,保持系统正压,防止回火。立即采取冷却、隔离、灭火等措施,防止事态扩大。

第四章 职业病及职业危害预防

第一节 职业病的概念和分类

一、职业病的概念

职业病是指企业、事业单位和个体经济组织的劳动者在职业活动中,因接触粉尘、放射性物质和其他有毒、有害物质等因素而引起的疾病。各国法律都有对于职业病预防方面的规定,一般来说,凡是符合法律规定的疾病才能称为职业病。

在生产劳动中,接触生产中使用或产生的有毒化学物质,粉尘气雾,异常的气象条件,高低气压,噪声,振动,微波,X射线,γ射线,细菌,霉菌;长期强迫体位操作,局部组织器官持续受压等,均可引起职业病,一般将这类职业病称为广义的职业病。如现代白领阶层长时间伏案工作而引发的颈椎病、肩周炎、痔疮等慢性病。对其中某些危害性较大,诊断标准明确,结合国情,由政府有关部门审定公布的职业病,称为狭义的职业病,或称法定(规定)职业病。中国卫生部从1972年首次公布职业病14种,1987年修订为9类99种,目前,我国的法定职业病有10类115种:尘肺13种、职业性放射性疾病11种、职业中毒56种、物理因素所致职业病5种、生物因素所致职业病3种、职业性皮肤病8种、职业性眼病3种、职业性耳鼻喉口腔疾病3

种、职业性肿瘤 8 种、其他职业病 5 种。中国政府规定诊断为规定职业病的，需由诊断部门向卫生主管部门报告；规定职业病患者，在治疗休息期间，以及确定为伤残或治疗无效而死亡时，按照国家有关规定，享受工伤保险待遇或职业病待遇。有的国家对职业病患者给予经济赔偿，因此，也有称这类疾病为需赔偿的疾病。职业病的诊断，一般由卫生行政部门授权的，具有一定专门条件的单位进行。

最常见的职业病有尘肺、职业中毒、职业性皮肤病等。

二、职业病的构成要件

《中华人民共和国职业病防治法》规定的职业病防治法，必须具备四个条件：

(1)患病主体是企业、事业单位或个体经济组织的劳动者；

(2)必须是在从事职业活动的过程中产生的；

(3)必须是因接触粉尘、放射性物质和其他有毒、有害物质等职业病危害因素引起的；

(4)必须是国家公布的职业病分类和目录所列的职业病。

四个条件缺一不可。

三、职业病的主要特点

我国职业病呈现五大特点，分别是：

(1)接触职业病危害人数多，患病数量大；

(2)职业病危害分布行业广，中小企业危害严重；

(3)职业病危害流动性大、危害转移严重；

(4)职业病具有隐匿性、迟发性特点，危害往往被忽视；

(5)职业病危害造成的经济损失巨大，影响长远。

四、职业病的分类

按照 2011 年 12 月 31 日施行的《中华人民共和国职业病防治

法》的规定,职业病是指企业、事业单位和个体经济组织等用人单位的劳动者在职业活动中,因接触粉尘、放射性物质和其他有毒、有害因素而引起的疾病。它包括十大类,分别是:

(1)尘肺。有硅肺、煤工尘肺等。

(2)职业性放射病。有外照射急性放射病外、照射亚急性放射病、外照射慢性放射病、内照射放射病等。

(3)职业中毒。有铅及其化合物中毒、汞及其化合物中毒等。

(4)物理因素职业病。有中暑、减压病等。

(5)生物因素所致职业病。有炭疽、森林脑炎等。

(6)职业性皮肤病。有接触性皮炎、光敏性皮炎等。

(7)职业性眼病。有化学性眼部烧伤、电光性眼炎等。

(8)职业性耳鼻喉疾病。有噪声聋、铬鼻病。

(9)职业性肿瘤。有石棉所致肺癌、间皮癌,联苯胺所致膀胱癌等。

(10)其他职业病。有职业性哮喘、金属烟热等。

第二节　职业病防治基本知识

一、职业病危害因素

职业病危害是指对从事职业活动的劳动者可能导致职业病及各类职业健康损害的各种危害。职业病危害因素是指活动中存在的各种有害的化学、物理、生物因素以及在作业过程中产生的其他职业有害因素。其根据卫生部《职业病危害因素分类目录》(卫法监发[2002]63号)可分为以下十大类。

1. 粉尘类

(1)硅尘(游离二氧化硅含量超过10％的无机性粉尘)。可能导致的职业病:硅肺。

(2)煤尘(煤矽尘)。可能导致的职业病:煤工尘肺。

(3)石墨尘。可能导致的职业病:石墨尘肺。

(4)碳黑尘。可能导致的职业病:碳黑尘肺。

(5)石棉尘。可能导致的职业病:石棉肺。

(6)滑石尘。可能导致的职业病:滑石尘肺。

(7)水泥尘。可能导致的职业病:水泥尘肺。

(8)云母尘。可能导致的职业病:云母尘肺。

(9)陶瓷尘。可能导致的职业病:陶瓷尘肺。

(10)铝尘(铝、铝合金、氧化铝粉尘)。可能导致的职业病:铝尘肺。

(11)电焊烟尘。可能导致的职业病:电焊工尘肺。

(12)铸造粉尘。可能导致的职业病:铸工尘肺。

(13)其他粉尘。可能导致的职业病:其他尘肺。

2. 放射性物质类(电离辐射)

电离辐射(X射线、γ射线)等,可能导致的职业病:外照射急性放射病、外照射亚急性放射病、外照射慢性放射病、内照射放射病、放射性皮肤疾病、放射性白内障、放射性肿瘤、放射性骨损伤、放射性甲状腺疾病、放射性性腺疾病、放射复合伤以及根据《放射性疾病诊断总则》可以诊断的其他放射性损伤。

3. 化学物质类

(1)铅及其化合物(铅尘、铅烟、铅化合物,不包括四乙基铅)。可能导致的职业病:铅及其化合物。

(2)汞及其化合物(汞、氯化高汞、汞化合物)。可能导致的职业病:汞及其化合物中毒。

(3)锰及其化合物(锰烟、锰尘、锰化合物)。可能导致的职业病:锰及其化合物中毒。

(4)镉及其化合物。可能导致的职业病:镉及其化合物中毒。

(5)铍及其化合物。可能导致的职业病:铍病。

(6)铊及其化合物。可能导致的职业病:铊及其化合物中毒。

(7)钡及其化合物。可能导致的职业病:钡及其化合物中毒。

(8)钒及其化合物。可能导致的职业病:钒及其化合物中毒。

(9)磷及其化合物(不包括磷化氢、磷化锌、磷化铝)。可能导致的职业病:磷及其化合物中毒。

(10)砷及其化合物(不包括砷化氢)。可能导致的职业病:砷及其化合物中毒。

(11)铀。可能导致的职业病:铀中毒。

(12)砷化氢。可能导致的职业病:砷化氢中毒。

(13)氯气。可能导致的职业病:氯气中毒。

(14)二氧化硫。可能导致的职业病:二氧化硫中毒。

(15)光气。可能导致的职业病:光气中毒。

(16)氨。可能导致的职业病:氨中毒。

(17)偏二甲基肼。可能导致的职业病:偏二甲基肼中毒。

(18)氮氧化合物。可能导致的职业病:氮氧化合物中毒。

(19)一氧化碳。可能导致的职业病:一氧化碳中毒。

(20)二氧化碳。可能导致的职业病:二氧化碳中毒。

(21)硫化氢。可能导致的职业病:硫化氢中毒。

(22)磷化氢、磷化锌、磷化铝。可能导致的职业病:磷化氢、磷化锌、磷化铝中毒。

(23)氟及其化合物。可能导致的职业病:工业性氟病。

(24)氰及腈类化合物。可能导致的职业病:氰及腈类化合物中毒。

(25)四乙基铅。可能导致的职业病:四乙基铅中毒。

(26)有机锡。可能导致的职业病:有机锡中毒。

(27)羰基镍。可能导致的职业病:羰基镍中毒。

(28)苯。可能导致的职业病:苯中毒。

(29)甲苯。可能导致的职业病:甲苯中毒。

(30)二甲苯。可能导致的职业病:二甲苯中毒。

(31)正己烷。可能导致的职业病:正己烷中毒。

(32)汽油。可能导致的职业病:汽油中毒。

(33)一甲胺。可能导致的职业病:一甲胺中毒。

(34)有机氟聚合物单体及其热裂解物。可能导致的职业病:有机氟聚合物单体及其热裂解物中毒。

(35)二氯乙烷。可能导致的职业病:二氯乙烷中毒。

(36)四氯化碳。可能导致的职业病:四氯化碳中毒。

(37)氯乙烯。可能导致的职业病:氯乙烯中毒。

(38)三氯乙烯。可能导致的职业病:三氯乙烯中毒。

(39)氯丙烯。可能导致的职业病:氯丙烯中毒。

(40)氯丁二烯。可能导致的职业病:氯丁二烯中毒。

(41)苯胺、甲苯胺、二甲苯胺、N,N-二甲基苯胺、二苯胺、硝基苯、硝基甲苯、对硝基苯胺、二硝基苯、二硝基甲苯。可能导致的职业病:苯的氨基及硝基化合物(不包括三硝基甲苯)中毒。

(42)三硝基甲苯。可能导致的职业病:三硝基甲苯中毒。

(43)甲醇。可能导致的职业病:甲醇中毒。

(44)酚。可能导致的职业病:酚中毒。

(45)五氯酚。可能导致的职业病:五氯酚中毒。

(46)甲醛。可能导致的职业病:甲醛中毒。

(47)硫酸二甲酯。可能导致的职业病:硫酸二甲酯中毒。

(48)丙烯酰胺。可能导致的职业病:丙烯酰胺中毒。

(49)二甲基甲酰胺。可能导致的职业病:二甲基甲酰胺中毒。

(50)有机磷农药。可能导致的职业病:有机磷农药中毒。

(51)氨基甲酸酯类农药。可能导致的职业病:氨基甲酸酯类农药中毒。

（52）杀虫脒。可能导致的职业病：杀虫脒中毒。

（53）溴甲烷。可能导致的职业病：溴甲烷中毒。

（54）拟除虫菊酯类。可能导致的职业病：拟除虫菊酯类农药中毒。

（55）导致职业性中毒性肝病的化学类物质：二氯乙烷、四氯化碳、氯乙烯、三氯乙烯、氯丙烯、氯丁二烯、苯的氨基及硝基化合物、三硝基甲苯、五氯酚、硫酸二甲酯。可能导致的职业病：职业性中毒性肝病。

（56）根据职业性急性中毒诊断标准及处理原则总则可以诊断的其他职业性急性中毒的危害因素。

4. 物理因素

（1）高温。可能导致的职业病：中暑。

（2）高气压。可能导致的职业病：减压病。

（3）低气压。可能导致的职业病：高原病、航空病。

（4）局部振动。可能导致的职业病：手臂振动病。

5. 生物因素

（1）炭疽杆菌。可能导致的职业病：炭疽。

（2）森林脑炎病毒。可能导致的职业病：森林脑炎。

（3）布氏杆菌。可能导致的职业病：布氏杆菌病。

6. 导致职业性皮肤病的危害因素

（1）导致接触性皮炎的危害因素：硫酸、硝酸、盐酸、氢氧化钠、三氯乙烯、重铬酸盐、三氯甲烷、β-萘胺、铬酸盐、乙醇、醚、甲醛、环氧树脂、尿醛树脂、酚醛树脂、松节油、苯胺、润滑油、对苯二酚等。可能导致的职业病：接触性皮炎。

（2）导致光敏性皮炎的危害因素：焦油、沥青、醌、蒽醌、蒽油、木酚油、荧光素、六氯苯、氯酚等。可能导致的职业病：光敏性皮炎。

（3）导致电光性皮炎的危害因素：紫外线。可能导致的职业病：

电光性皮炎。

（4）导致黑变病的危害因素：焦油、沥青、蒽油、汽油、润滑油、油彩等。可能导致的职业病：黑变病。

（5）导致痤疮的危害因素：沥青、润滑油、柴油、煤油、多氯苯、多氯联苯、氯化萘、多氯萘、多氯酚、聚氯乙烯。可能导致的职业病：痤疮。

（6）导致溃疡的危害因素：铬及其化合物、铬酸盐、铍及其化合物、砷化合物、氯化钠。可能导致的职业病：溃疡。

（7）导致化学性皮肤灼伤的危害因素：硫酸、硝酸、盐酸、氢氧化钠。可能导致的职业病：化学性皮肤灼伤。

（8）导致其他职业性皮肤病的危害因素：

①油彩。可能导致的职业病：油彩皮炎。

②高湿。可能导致的职业病：职业性浸渍、糜烂。

③有机溶剂。可能导致的职业病：职业性角化过度、皲裂。

④螨、蚤。可能导致的职业病：职业性痒疹。

7. 导致职业性眼病的危害因素

（1）导致化学性眼部灼伤的危害因素：硫酸、硝酸、盐酸、氮氧化物、甲醛、酚、硫化氢。可能导致的职业病：化学性眼部灼伤。

（2）导致电光性眼炎的危害因素：紫外线。可能导致的职业病：电光性眼炎。

（3）导致职业性白内障的危害因素：放射性物质、三硝基甲苯、高温、激光等。可能导致的职业病：职业性白内障。

8. 导致职业性耳鼻喉口腔疾病的危害因素

（1）导致噪声聋的危害因素：噪声。可能导致的职业病：噪声聋。

（2）导致铬鼻病的危害因素：铬及其化合物、铬酸盐。可能导致的职业病：铬鼻病。

（3）导致牙酸蚀病的危害因素：氟化氰、硫酸酸雾、硝酸酸雾、盐酸酸雾。可能导致的职业病:牙酸蚀病。

9. **职业性肿瘤的职业病危害因素**

(1)石棉。可能导致的职业病:石棉所致肺癌、间皮瘤。

(2)联苯胺。可能导致的职业病:联苯胺所致膀胱癌。

(3)苯。可能导致的职业病:苯所致白血病。

(4)氯甲醚。可能导致的职业病:氯甲醚所致肺癌。

(5)砷。可能导致的职业病:砷所致肺癌、皮肤癌。

(6)氯乙烯。可能导致的职业病:氯乙烯所致肝血管肉瘤。

(7)焦炉烟气。可能导致的职业病:焦炉工人肺癌。

(8)铬酸盐。可能导致的职业病:铬酸盐制造业工人肺癌。

10. **其他职业病危害因素**

(1)氧化锌。可能导致的职业病:金属烟热。

(2)二异氰酸甲苯酯。可能导致的职业病:职业性哮喘。

(3)嗜热性放线菌。可能导致的职业病:职业性变态反应性肺泡炎。

(4)棉尘。可能导致的职业病:棉尘病。

(5)不良作业条件(压迫及摩擦)。可能导致的职业病:煤矿井下工人滑囊炎。

二、用人单位的责任

(1)用人单位应当组织从事接触职业病危害作业的劳动者进行职业健康检查。

(2)用人单位应当组织接触职业病危害因素的劳动者进行上岗前职业健康检查。

(3)用人单位应当组织接触职业病危害因素的劳动者进行定期职业健康检查。对需要复查和医学观察的劳动者,应当按照体检机构要求的时间,安排其复查和医学观察。

（4）用人单位应当组织接触职业病危害因素的劳动者进行离岗时的职业健康检查。

（5）用人单位对遭受或者可能遭受急性职业病危害的劳动者，应当及时组织进行健康检查和医学观察。

（6）体检机构发现疑似职业病病人应当按规定向所在地卫生行政部门报告，并通知用人单位和劳动者。用人单位对疑似职业病病人应当按规定向所在地卫生行政部门报告，并按照体检机构的要求安排其进行职业病诊断或者医学观察。

（7）职业健康检查应当根据所接触的职业危害因素类别，按《职业健康检查项目及周期》的规定确定检查项目和检查周期。需复查时可根据复查要求相应增加检查项目。

（8）职业健康检查应当填写《职业健康检查表》，从事放射性作业劳动者的健康检查应当填写《放射工作人员健康检查表》。

三、职业病诊断要求

申请职业病诊断时应当提供：

（1）职业史、既往史；

（2）职业健康监护档案复印件；

（3）职业健康检查结果；

（4）工作场所历年职业病危害因素检测、评价资料；

（5）诊断机构要求提供的其他必需的有关材料。用人单位和有关机构应当按照诊断机构的要求，如实提供必要的资料。没有职业病危害接触史或者健康检查没有发现异常的，诊断机构可以不予受理。

四、职业病病人待遇

职业病病人依法享受国家规定的职业病待遇。用人单位应当按照国家有关规定，安排职业病病人进行治疗、康复和定期检查。用人单位对不适宜继续从事原工作的职业病病人,应当调离原岗位,并妥善安置。用人单位对从事接触职业病危害作业的劳动者,应当给予适当岗位津贴。

职业病病人的诊断、康复费用,伤残以及丧失劳动能力的职业病病人的社会保障,按照国家有关工伤社会保险的规定执行。职业病病人除依法享有工伤社会保险外,依照有关民事法律,尚有获得赔偿的权利的,有权向用人单位提出赔偿要求。

(1)对从事接触职业病危害的作业的劳动者,用人单位应当按照国务院卫生行政部门的规定组织上岗前、在岗期间和离岗时的职业健康检查,并将检查结果如实告知劳动者。职业健康检查费用由用人单位承担。

(2)用人单位和医疗卫生机构发现职业病病人或者疑似职业病病人时,应当及时向所在地疾病预防控制中心报告。确诊为职业病的,用人单位还应当向所在地劳动保障行政部门报告。

(3)职业病病人依法享受国家规定的职业病待遇。用人单位应当按照国家有关规定,安排职业病病人进行治疗、康复和定期检查。用人单位对不适宜继续从事原工作的职业病病人,应当调离原岗位,并妥善安置。

(4)职业病病人除依法享有工伤社会保险外,依照有关民事法律,尚有获得赔偿的权利的,有权向用人单位提出赔偿要求。

(5)劳动者被诊断患有职业病,但用人单位没有依法参加工伤社会保险的,其医疗和生活保障由最后的用人单位承担;最后的用人单位有证据证明该职业病是先前用人单位的职业病危害造成的,由先前的用人单位承担。

(6)用人单位应当及时安排对疑似职业病病人进行诊断;在疑似职业病病人诊断或者医学观察期间,不得解除或者终止与其订立的劳动合同。疑似职业病病人在诊断、医学观察期间的费用,由用人单位承担。

(7)职业病病人的诊疗、康复费用,伤残以及丧失劳动能力的职业病病人的社会保障,按照国家有关工伤社会保险的规定执行。

(8)职业病病人变动工作单位,其依法享有的待遇不变。用人单位发生分立、合并、解散、破产等情形的,应当对从事接触职业病危害的作业的劳动者进行健康检查,并按照国家有关规定妥善安置职业病病人。

五、职业病相关救济

(1)用人单位未依法参加工伤保险——向县级以上人民政府劳动保障行政部门提出请求,要求督促单位为劳动者参加工伤保险。

(2)单位在与劳动者订立劳动合同前未告知劳动者将从事的工作可能具有的危险,或者在变更劳动合同时没有告知劳动者新工作可能增加的罹患职业病的可能——劳动者可以向单位主张合同无效或者部分无效。单位不予认可的情况下,请求单位所在地或者劳动者居住地的劳动仲裁委员会申请确认合同无效。

(3)未经体检,即安排劳动者上岗从事可能罹患职业病的工作,或者终止与从事可能罹患职业病的工作的劳动者的合同没有按法律规定对劳动者进行体检的——请求卫生行政部门督促单位为劳动者进行体检。责令改正,给予警告。

(4)用人单位不给劳动者建立个人健康监护档案的——请求卫生行政部门责令用人单位建立健康监护档案。警告,限期改正。

(5)用人单位不安排疑似职业病劳动者检查的——请求卫生行政部门责令单位安排检查,警告并限期改正。

六、职业病防治措施与对策

针对当前我国职业病危害的实际情况,有针对性地采取措施。这些措施包括:

(1)建立完善的职业卫生保障机制。包括:依法建立符合我国国情的职业卫生管理体制和信息决策机制、完善的职业病工伤保险机制和稳定的、多渠道职业卫生投入机制，以市场机制合理配置职业卫生技术服务资源。

（2）按照《职业病防治法》的调整对象，调节我国职业卫生标准体系；按照入世要求，通过等同采用国际标准尽可能使我国的职业卫生标准与国际接轨；进一步提高职业卫生标准的可操作性及其可应用性，建立适于我国职业病防治实际工作需要的职业卫生标准体系。

（3）将现有职业病防治信息网络重新整合，整体规划、进一步完善职业病监测体系；统一职业病、工作相关疾病统计口径，并与国际接轨及互认。建立系统的职业卫生信息与职业病防治评估体系，通过科学分析信息，加强职业中毒事故的预测、预警，及时、准确评估职业病防治效果，为职业病防治决策提供准确、科学的依据，全面提升急性职业中毒控制信息水平。建立相关部门分工合作、相互协调的工作机制。

（4）有针对性地开展以尘肺病防治、职业中毒检测检验、诊断、救治、控制、用人单位职业卫生科学管理为中心的科学研究工作，力争突破束缚我国职业病防治工作的瓶颈，提高我国的职业病防治水平。

（5）按照《突发公共卫生事件应急处理法》要求，建设以国家中毒救治为中心，辐射各级地方的重大职业中毒救治体系，做好各种重大职业中毒的预防和应急救治工作。

（6）建立符合我国国情的工作场所健康促进体系。通过工作场所健康促进与健康教育活动，提高用人单位遵法、守法的法律意识，切实履行职业病防治工作的法律责任；创造安全、舒适、健康的作业环境；发挥用人单位的积极性，推动用人单位在追求经济效益的同时，切实履行企业的社会责任。普及职业卫生知识，加强劳动者的自我防范意识。

（7）进一步充分认识依靠职业卫生工作的重要性，进一步加强对职业病防治工作的领导，继续坚持预防为主、防治结合的方针，制定和落实职业卫生政策措施,建立完善职业卫生发展的大环境。

(8)依据《职业病防治法》,尽快制定国家职业病防治规划,将职业病防治工作纳入社会经济防治计划,制订方案并组织实施,促进经济发展与职业病防治工作的协调发展。

(9)大力实施职业卫生管理人才培养计划,建立一支既精通业务,又熟谙法律的高素质的职业卫生管理队伍。

第三节　工业毒物的危害及其防护措施

一、工业毒物的概念

工业毒物,以原料、半成品、成品、副产品或废弃物存在于工业生产中的少量进入人体后,能与人体发生化学或物理化学作用,破坏正常生理功能,引起功能障碍、疾病、甚至死亡的化学物质。

二、工业毒物的分类

1. 工业毒物按其物理形态分类

在一般条件下,工业毒物常以一定的物理形态(固体、液体或气体)存在。但在生产环境中,随着反应或加工过程的不同,则有下列五种状态可造成环境污染。

(1)粉尘。为飘浮于空气中的固体颗粒,直径大于 0.1 μm 者,大都在固体物质机械粉碎、研磨时形成。如制造铅丹颜料的铅尘、制造氰氨化钙的电石尘等。根据粉尘的性质可分为无机性粉尘、有机性粉尘和混合性粉尘。

(2)烟尘。又称烟雾或烟气,为悬浮在空气中的烟状固体微粒。直径小于 0.1 μm 的,多为某些金属熔化时产生的蒸气在空气中氧化凝聚而成。如熔铜时放出的锌蒸气所产生的氧化锌烟尘、熔铬时产生的氧化铬烟尘等。

(3)雾。为悬浮于空气中的微小液滴。主要是水蒸气冷凝或液体喷散而成。如铬电镀时的铬酸雾、喷漆中的含苯漆雾等。烟尘和雾统称为气溶胶。

(4)蒸气。为液体蒸发或固体物料升华而形成。前者如苯蒸气，后者如熔磷时的磷蒸气等。

(5)气体。生产场所温度、气压条件下散发于空气中的气态物质。如常温常压下的氯、一氧化碳、二氧化碳等。

2. 工业毒物按作用性质分类

从预防生产中毒角度出发，按其性质的作用来区分工业毒物较为适宜。一般分为以下几种。

(1)刺激性毒物。酸的蒸气、氯、氨、二氧化硫等均属此类毒物。刺激性气体和蒸气尽管其物理和化学性质有所不同，但它们直接作用到组织上时都能引起组织发炎。

(2)窒息性毒物。窒息性毒物可分为窒息及化学窒息性毒物两种。前者如氮、氢、氦等，后者如一氧化碳、氰化氢等。

(3)麻醉性毒物。芳香族化合物、醇类、脂肪族硫化物、苯胺、硝基苯及其他化合物均属此类毒物。该类毒物主要对神经系统有麻醉作用。

(4)无机化合物及金属有机化合物。凡对人体有毒理作用而不能归于上述三类的气体和挥发性毒物均属此类。如金属蒸气、砷与锑的有机化合物等。

三、工业毒物进入人体的途径

工业毒物可经呼吸道、消化道和皮肤进入体内，在工业生产中，工业毒物主要经呼吸道和皮肤进入体内，亦可经消化道进入。

1. 呼吸道

呼吸道是工业生产中的毒物进入体内的最重要的途径。凡是以气体、蒸气、雾、烟、粉尘形式存在的毒物,均可经呼吸道侵入体内。人的肺脏由亿万个肺泡组成,肺泡壁很薄,壁上有丰富的毛细血管,毒物一旦进入肺脏,很快就会通过肺泡壁进入血液循环而被运送到全身。通过呼吸道吸收最重要的影响因素是其在空气中的浓度,浓度越高,呼吸越快,毒性作用发生越快。大部分职业中毒都是工业毒物由此途径进入人体而引起的。

2. 皮肤

在工业劳动过程中,工业毒物经皮肤吸收引起中毒亦比较常见。它是穿过表皮屏障或通过毛囊和皮脂腺而进入人体的。经皮肤侵入的毒物也不经肝脏而直接随血液循环分布于全身。能够经皮肤侵入的毒物主要有脂溶性毒物,如芳香族氨基或硝基化合物、有机金属类(如四乙基铅、有机锡)、有机磷化合物、氯代烃类等。除毒物本身的化学性质外,影响经皮肤吸收的因素还有毒物的浓度和黏稠度,接触皮肤的部位、面积,溶剂种类及外界气温、湿度等。

3. 消化道

在工业生产中,毒物经消化道吸收多半是由于个人卫生习惯不良,手沾染的毒物随进食、饮水或吸烟等而进入消化道。进入呼吸道的难溶性毒物被清除后,可经由咽部被咽下而进入消化道。进入消化道的毒物主要在小肠吸收,经门脉、肝脏进入大循环。有的毒物如氰化物,在口腔中即可经黏膜吸收。

四、工业毒物的危害

(一)工业毒物对全身的危害

工业毒物吸收后,通过血液循环分布到全身各组织或器官。由于毒物本身理化特性及各组织的生化、生理特点,进而破坏了人的正常生理机能,导致中毒的危害。中毒可分为急性中毒、亚急性中毒和慢性中毒三种情况。有些中毒只有急性型而无慢性中毒现象,如氧化锌烟尘引起的铸造热；另一些主要表现为慢性型，而很少有急性中毒，如铅锰中毒。在职业病中以慢性中毒为多见，急性中毒仅在事故场合出现，危险性很大。亚急性中毒属于急性中毒范畴。下面分别介绍不同中毒情况下对人体的危害。

1. 急性中毒对人体的危害

急性中毒是指在短时间内大量毒物迅速作用于人体后发生的病变。由于毒物的性能不同，对人体各系统的危害亦不相同。

（1）对呼吸系统的危害：刺激性气体、有害蒸气和粉尘等毒物，对呼吸系统将会引起窒息、呼吸道炎症和肺水肿等病症。

（2）对神经系统的危害：四乙基铅、有机汞、苯、环氧乙烷、三氯乙烯、甲醇等毒物，会引起中毒性脑病，表现为神经系统症状，如头晕、头痛、恶心、呕吐、嗜睡、视力模糊以及不同程度的意识障碍等。

（3）对血液系统的危害：急性职业病中毒可导致白细胞增加或减少，高铁血红蛋白的形成及溶血性贫血等。

（4）对泌尿系统的危害：在急性中毒时，有许多毒物可引起肾脏损害，如四氯化碳中毒，会引导起急性肾小管坏死性肾病。

（5）对循环系统的危害：毒物锑、砷、有机汞农药等，可引起急性心肌损害；在三氯乙烯、汽油等有机溶剂的急性中毒中，毒物刺激β-肾上腺素受体而致心室颤动；刺激性气体引起的肺水肿，由于渗入大量血浆及肺循环阻力的增加，可能出现肺源性心脏病。

（6）对消化系统的危害：经口的汞、砷、铅等中毒，可发生严重的恶心、呕吐、腹痛、腹泻等类似急性肠胃炎的症状；一些毒物，如硝基苯、三硝基甲苯、氯仿及一些肼类化合物，会引起中毒性肝炎。

2. 慢性中毒对人体的危害

由于长期受少量毒物的作用，而引起的不同程度的中毒现象。引起慢性中毒的毒物，绝大部分具有积蓄作用。人体接触毒物后，数月或数年后才逐渐出现临床症状，其危害也是根据毒物的性能，表现于人体的各系统。大致有中毒性脑、脊髓损害,中毒性周围神经炎,神经衰弱症候群,神经官能症,溶血性贫血,慢性中毒性肝炎,慢性中毒性肾脏损坏,支气管炎以及心肌和血管的病变等。

（二）工业毒物对皮肤的危害

皮肤是机体抵御外界刺激的第一道防线,在从事化工生产中,皮肤接触外界刺激物的机会最多,在许多毒物刺激下,会造成皮炎和湿疹、痤疮和毛囊炎、溃疡、脓疱疹、皮肤干燥、皲裂、色素变化、药物性皮炎、皮肤瘙痒、皮肤附属物及口腔黏膜的病变等症。

（三）工业毒物对眼部的危害

化学物质对眼的危害,可发生于某化学物质与组织的接触,造成眼部损伤;也可发生于化学物质进入体内,引起视觉病变或其他眼部病变。

化学物质的气体、烟尘或粉尘接触眼部或化学物质的碎屑、液体飞溅到眼部,可能发生色素沉着、过敏反应、刺激炎症或腐蚀灼伤。如醌、对苯二酚等,可使角膜、结膜染色;硫酸、盐酸、硝酸、石灰、烧碱和氨水等同眼部接触,可使接触处角膜、结膜立即坏死糜烂,与碱接触的部位,碱会由接触处迅速向深部渗入,可损坏眼球内部。由化学物质中毒所造成的眼部损伤有视野缩小、瞳孔缩小、眼睑缩小、眼睑病变、白内障、视网膜及络膜病变等。

（四）工业毒物与致癌

人们在长期从事劳动生产中,由于某些化学物质的致癌作用,可使人体内产生肿瘤。这种对机体能诱发癌变的物质称为致癌原。

职业性肿瘤多见于皮肤、呼吸道及膀胱,少见于肝、血液系统。由于致癌病因与发病学尚有许多基本问题未弄清楚,加之在生产环境以外的自然环境中,也可接触到各种致癌因素,因此,要确定某种癌是否仅由职业因素而引起的,必须有较充分的根据。

五、工业毒物的防护措施

生产过程的密闭化、自动化是解决工业毒物危害的根本途径。采用无毒、低毒物质代替剧毒物质是从根本上解决毒物危害的首选办法，但不是所有毒物都能找到无毒、低毒的代替物。因此，在生产过程中控制毒物的卫生工程技术措施很重要。

1. 密闭、通风排毒系统

系统由密闭罩、通风管、净化装置和通风机构成。其设计原理和原则与防尘的密闭、通风、除尘系统基本上是相同的。

2. 局部排气罩

就地密闭，就地排出，就地净化，是通风防毒工程的一个重要的技术准则。排气罩就是实施毒源控制，防止毒物扩散的具体技术装置。按构造分为密闭罩、开口罩两种类型。

3. 排出气体的净化

工业生产中的无害化排放，是通风防毒工程必须遵守的重要准则。根据输送介质特性和生产工艺的不同，有害气体的净化方法也有所不同，大致分为洗涤法、吸附法、袋滤法、静电法、燃烧法和高空排放法。

4. 个体防护

接触毒物作业工人的个体防护有特殊意义，毒物侵入人体的门户，除呼吸道外，经口、皮肤都可侵入。因此，凡是接触毒物的作业都应规定有针对性的个人卫生制度，必要时应列入操作规程，如不准在作业场所吸烟、吃东西，班后洗澡、不准将工作服带回家中等。这不仅是为了保护操作者自身，而且也是避免家庭成员、特别是儿童间接受害。属于作业场所的保护用品有防护服装、防尘口罩和防毒面具等。

第四节　粉尘的危害及其防护措施

一、生产性粉尘的概念、来源和分类

（一）生产性粉尘的概念

生产性粉尘是指在生产中形成的，与生产过程有关的并能长时间飘浮在空气中的固体微粒。

（二）生产性粉尘的来源

生产性粉尘的来源很多，几乎所有的工农业生产过程均可产生粉尘，有些工艺产生的粉尘浓度还很高，严重影响着职业人群的身体健康。其主要来源可归纳为：

1. 固体物质的破碎和加工

常见于矿石开采和冶炼；铸造工艺；耐火材料、玻璃等工业原料的加工；粮谷脱粒等过程。

2. 物质的不完全燃烧

煤炭不完全燃烧的烟尘、烃类热分解产生的碳黑。

3. 蒸气的冷凝或氧化

如铅熔炼时产生的氧化铅烟尘。

（三）分类

生产性粉尘按性质可分为三类。

1. 无机粉尘

(1)金属矿物粉尘，如铅、锌、铝、铁、锡等金属及其化合物等。

(2)非金属矿物粉尘，如石英、石棉、滑石、煤等。

(3)人工无机粉尘，如水泥、玻璃纤维、金刚砂等。

2. 有机粉尘

(1)植物性粉尘,棉、麻、谷物、亚麻、甘蔗、木、茶等粉尘等。

(2)动物性粉尘,皮、毛、骨、丝等。

(3)人工有机粉尘,如树脂、有机染料、合成纤维、合成橡胶等粉尘。

3. 混合性粉尘

混合性粉尘为两种或两种以上上述各类物质混合形成的粉尘。此种粉尘在生产中最常见。如清砂车间的粉尘含有金属和型砂尘。

在防尘工作中,常根据粉尘的性质初步判定其对人体的危害程度。对混合性粉尘,查明其中所含成分,尤其是游离二氧化硅所占比例,对进一步确定其致病作用具有重要的意义。

二、易受粉尘危害的行业及工种

(1)各种金属矿山的开采,采矿的掘进和采矿,是产生尘肺的主要作业环境,主要作业工种是凿岩、爆破、铲装、运输。

(2)金属冶炼中矿石的粉碎、筛分和运输。

(3)机械制造业中铸造的配砂、造型、铸件的清砂、喷砂以及电焊作业。

(4)建筑材料行业,如耐火材料、玻璃、水泥、石料生产中的开采、破碎、碾磨、筛选、拌料等;石棉的开采、运输和纺织。

(5)公路、铁路、水利建设中的开凿隧道、爆破等。

三、粉尘的危害

粉尘由于种类和理化性质的不同,对机体的损害也不同。按其作用部位和病理性质,可将其危害归纳为尘肺、局部作用、全身中毒、变态反应和其他五部分。

（一）尘肺

尘肺是由于在职业活动中长期吸入生产性粉尘,并在肺内蓄积而引起的以肺组织弥漫性纤维化为主的全身性疾病。其临床表现多与合并症有关,如咳嗽、咳痰、胸痛、气促、呼吸困难、消化功能减退、全身无力等,重则丧失劳动力和自理能力。容易并发呼吸系统感染、肺结核、肺癌、肺源性心脏病及呼吸衰竭等。按其病因不同又分为五类:

1. 矽肺

矽肺是在生产过程中长期吸入含有游离二氧化硅粉尘而引起的以肺纤维化为主的疾病。

2. 硅酸盐肺

硅酸盐肺是由于长期吸入含有结合状态的二氧化硅的粉尘所引起的尘肺,如石棉肺、滑石肺、云母肺等。

3. 炭尘肺

炭尘肺是由于长期吸入煤、石墨、碳黑、活性炭等粉尘引起的尘肺。

4. 混合性尘肺

混合性尘肺是由于长期吸入含有游离二氧化硅和其他物质的混合性粉尘(如煤矽肺、铁矽肺等)所致的尘肺。

5. 其他尘肺

长期吸入铝及其氧化物引起的铝尘肺,或长期吸入电焊烟尘所引起的电焊工尘肺等。

上述各类尘肺中,以矽肺、石棉肺、煤矽肺较常见,危害性则以矽肺最为严重。

（二）局部作用

吸入的粉尘颗粒作用于呼吸道黏膜,早期引起其功能亢进、充血、毛细血管扩张,分泌增加,而阻留更多粉尘,久之则酿成肥大性病变,黏膜上皮细胞营养不足,最终造成萎缩性改变;粉尘产生的刺激作用,可引起上呼吸道炎症;沉着于皮肤的粉尘颗粒可堵塞皮脂腺,易于继发感染而引起毛囊炎、脓皮病等;作用于眼角膜的硬度较大的粉尘颗粒,可引起角膜外伤及角膜炎等。

（三）全身中毒作用

某些物质(如铅、锰、镉)的细小微粒在溶解后通过呼吸系统进入人体,参加人体的血液循环,可引起全身中毒。

（四）变态反应

某些粉尘,如棉花和大麻的粉尘可能是变应原,可引起支气管哮喘、上呼吸道炎症和间质性肺炎等。

（五）其他吸入人体后能诱发肺癌的悬浮粉尘

有砷和它的化合物、铬酸盐、含有多环芳香族的碳氢化合物和镍基的粉尘。石棉尘可引起间皮瘤和支气管癌。沥青粉尘沉着于皮肤,可引起光感性皮炎。沉积的放射性粉尘,使肺暴露在离子化有效辐射剂量中,从而引起癌症。

四、粉尘的防护措施

1. 工程技术措施

技术措施是防止粉尘危害的中心措施,主要在于治理不符合防尘要求的产尘作业和操作,目的是消灭或减少生产性粉尘的产生、逸散,以及尽可能降低作业环境粉尘浓度。

（1）改革工艺过程,革新生产设备是消除粉尘危害的根本途径。应从生产工艺设计、设备选择,以及产尘机械在出厂就应有达到防尘要求的设备等各个环节做起。如采用封闭式风力管道运输、负压吸砂等方式消除粉尘飞扬;用无矽物质代替石英,以铁丸喷砂代替石英喷砂等。

（2）湿式作业是一种经济易行的防止粉尘飞扬的有效措施。凡是可以湿式生产的作业均可使用，例如矿山的湿式凿岩、冲刷巷道、净化进风等；石英、矿石等的湿式粉碎或喷雾洒水；玻璃陶瓷业的湿式拌料；铸造业的湿砂造型、湿式开箱清砂、化学清砂等。

（3）对不能采取湿式作业的产尘岗位，应采用密闭吸风除尘方法。凡是能产生粉尘的设备均应尽可能密闭，并用局部机械吸风，使密闭设备内保持一定的负压，防止粉尘外逸。抽出的含尘空气，必须经过除尘净化处理才能排出，以避免污染大气。

2. 个人防护措施

对受到条件限制，粉尘浓度一时达不到允许浓度标准的作业，戴合适的防尘口罩就成为重要措施。防尘口罩要滤尘率、透气率高，重量轻，不影响工人视野及操作。还有，应严格遵守防尘操作规程，严格执行未佩带防尘口罩不上岗操作的制度。

3. 卫生保健措施

预防粉尘对人体健康的危害，第一步措施是消灭和减少发生源，这是最根本的措施。其次是降低空气中粉尘的浓度。最后是减少粉尘进入人体的机会，以及减轻粉尘的危害。卫生保健措施属于预防重的辅助措施，但仍占有重要地位。

进行上岗前体检，凡患活动性肺结核、严重上呼吸道和支气管疾病、显著影响功能的肺或胸膜病变、严重心血管系统疾病的人不得从事粉尘作业。粉尘作业人员要定期体检，以便及时发现尘肺患者，检查间隔时间视粉尘浓度及粉尘理化性质而言。定期体检的目的在于早期发现粉尘对健康的损害，发现患有不宜从事粉尘作业的疾病时，应及时调离。离岗时也要体检，以确定有无受到粉尘危害。此外，要注意营养、加强锻炼，以增强体质。还要保持良好的个人卫生习惯。

保护尘肺患者能得到合适的安排，享受国家政策允许的应有待遇，对其进行劳动能力鉴定，并妥善安置。

4. 组织管理措施

加强组织领导是做好防尘工作的关键。粉尘作业较多的厂矿，领导中要有专人分管防尘事宜；建立和健全防尘机构，制定防尘工作计划和必要的规章制度，切实贯彻综合防尘措施；建立粉尘检测制度，大型厂矿应有专职测尘人员，医务人员应对测尘工作提出要求，定期检查并指导，做到定时定点测尘，评价劳动条件改善情况和技术措施的效果。做好防尘的宣传工作，从领导到广大职工，让大家都能了解粉尘的危害，根据自己的职责和义务做好防尘工作。

第五节　噪声的危害及其防护措施

一、噪声的概念

噪声，也称噪音，是让听到它的人和自然界带来烦恼的、不受欢迎的声音。影响人们工作学习休息的声音都称为噪声。对噪声的感受因各人的感觉、习惯等而不同，因此噪声有时是一个主观的感受。一般来说人们将影响人的交谈或思考的环境声音称为噪声。而在生产过程中产生的使人感到厌烦的，频率和强度没有规律的声音，称为生产性噪声或工业噪声。

二、噪声的分类

职业性接触噪声的来源可按生产岗位、所属行业和产生噪声的振动源等方式划分。按产生噪声的振动源划分是比较常见的划分方式。它可归纳以下三类：

1. 机械性噪声

由于机械的撞击、摩擦、固体的振动和转动而产生的噪声，如纺织机、球磨机、电锯、机床、碎石机启动时所发出的声音。

2. 空气动力性噪声

这是由于空气振动而产生的噪声,如通风机、空气压缩机、喷射器、汽笛、锅炉排气放空等产生的声音。

3. 电磁性噪声

由于电机中交变力相互作用而产生的噪声。如发电机、变压器等发出的声音。

能产生噪声的作业种类很多。受强烈噪声作用的主要工种有:使用各种风动工具的工人、纺织工、发动机测试人员、钢板校正工、飞机驾驶员和炮兵等。

三、噪声的危害

长期接触噪声会对人体产生危害,影响其危害的有关因素,主要决定于噪声强度(声压)的大小、频率的高低和接触时间的长短。一般认为强度大、频率高、接触时间长则危害大。其他如噪声的特性(连续噪声或脉冲噪声)、接触的方式(连续或间断接触)和个体敏感性也有关,脉冲噪声比连续噪声、连续接触比间断接触危害大。其危害可以归纳为以下几类:

1. 听觉不适

当工人最初进入噪声环境后,常常有一种难以忍受的烦躁感,其发生时间自1小时至6个月不等,多数经数日或几周逐渐习惯后再次出现症状。基本症状是耳鸣、耳聋、头痛及头晕。

2. 噪声性耳聋

长期在强烈噪声的环境中工作又得不到适当恢复时,可以损伤听神经细胞而逐渐失去听觉,这样出现的耳聋,就叫"噪声性耳聋"。这种病变通常是双耳都受损害。用听力计检查,多表现为在4400 Hz为中心的高频部分先丧失听觉,以后逐渐扩大,直至语言也听不到。噪声性耳聋的主要表现为耳鸣、耳聋、头痛、头晕,有的伴有失眠、头胀感等。早期表现为工作后几小时内有耳鸣,以后为顽固性的,症状不再消失。有的患者还伴有眩晕、恶心或呕吐等。噪声性耳聋的听力是逐渐下降的。若听力损失在 10 dB 内,影响不大。当听力损失在 30 dB 以内时,称为轻度噪声性耳聋,普通谈话声约 50～60 dB,轻度耳聋者听起来很吃力。当听力损失在 30～60 dB,称为中度噪声性耳聋。当听力损失在 60 dB 以上时,称为重度噪声性耳聋,此时与患者交谈需在耳边大声喊。

3. 爆震性耳聋

噪声性耳聋是日积月累的慢性病,而突如其来的巨响或一次强烈噪声,可造成听觉器官的急性损伤,导致鼓膜破裂,内耳出血,称为爆震性耳聋,多半为朝向声源的一侧听觉损害较重。患者主诉耳鸣、耳痛、恶心、呕吐、眩晕,听力检查严重障碍或完全丧失。

4. 听觉外系统危害

噪声除对听觉有损伤外,对人体其他系统和器官也能产生危害,可引起神经衰弱如头晕、失眠、多梦、注意力不集中、反应迟钝等症状。对心血管系统也有影响,如心跳加快、心律不齐、血管痉挛和血压升高等。并导致消化系统出现胃肠功能紊乱、食欲减退、消瘦、胃液分泌减少、胃肠蠕动减慢。

四、噪声的防护措施

(一)工业企业噪声卫生标准

我国 1980 年公布的《工业企业噪声卫生标准》(试行)是根据 A 级制定的,以语言听力损伤为主要依据并参考其他系统的改变。规定工作地点噪声容许标准为 85 dB(A),现有企业暂时达不到的可适当放宽,但不得超过 90 dB(A)。另有规定接触不足 8 h 的工作,噪声标准可相应放宽,即接触时间减半容许放宽 3 dB(A),但无论时间多短,噪声强度最大不得超过 115 dB(A)。

（二）控制和消除噪声源

这是防止噪声危害的根本措施。应根据具体情况采取不同的方式解决,对鼓风机、电动机可采取隔离或移出室外;如织机、风动工具可采取改进工艺等技术措施解决,以无梭织机代替有梭织机,以焊接代替铆接,以压铸代替锻造;此外,加强维修减低不必要的附件或松动的附件的撞击噪声。

（三）合理规划和设计厂区与厂房

产生强烈噪声的工厂与居民区以及噪声车间和非噪声车间之间应有一定的距离（防护带）。

（四）控制噪声传播和反射的技术措施

1. 吸声

用多孔材料贴敷在墙壁及屋顶表面,或制成尖劈形式悬挂于屋顶或装设在墙壁上,以吸收声能达到的降低噪声强度的目的;或利用共振原理采用多孔作为吸声的墙壁结构,均能取得较好的吸声效果。

2. 消声

消声是防止动力性噪声的主要措施,用于风道和排气道,常用的有阻性消声器、抗性消声器及抗阻复合消声器,消声效果较好。

3. 隔声

一定的材料、结构和将声源封闭,以达到控制噪声传播的目的。常见的有隔声室、隔声罩等。

4. 隔振

为了防止通过固体传播的振动性噪声,必须在机器或振动体的基础和地板、墙壁连接处设隔振或减震装置。

（五）隔离作业人员

在高噪声作业环境下,无关人员不要进入。短时间进入这种环境而暴露在高声压的噪声下,也会超过允许的每日剂量。

(六)加强个体防护

主要保护听觉器官,在作业环境噪声强度比较高或在特殊高噪声条件下工作,为作业人员提供耳塞或耳罩。需要佩戴个体防护用具的作业区域要明确标明,对用具的使用要讲解清楚。

(七)定期健康检查

定期对接触噪声的工人进行健康检查,特别是听力检查,观察听力变化情况,以便早期发现听力损伤,及时采取有效的防护措施。应进行就业前的体检,取得听力的基础材料,并对患有明显听觉器官、心血管及神经系统疾病者,禁止其参加强噪声工作。就业后半年内进行听力检查,发现有明显听力下降者应及早调离噪声作业,以后每年进行一次体检。

第六节　振动的危害及其防护措施

一、振动的概念

物体在外力作用下沿直线或弧线以中心位置(平衡位置)为基准的往复运动,称为机械运动,简称振动。物体离中心位置的最大距离为振幅。单位时间(s)内振动的次数称为频率,它是评价振动对人体健康影响的常用基本参数。

振动对人体的影响可分为全身振动和局部振动。全身振动是由振动源(振动机械、车辆、活动的工作平台)通过身体的支持部分(足部和臀部),将振动沿下肢或躯干传布全身引起;局部振动是通过振动工具、振动机械或振动工件传向操作者的手和臂。

二、常见的振动作业

全身振动的频率范围主要在 1~20 Hz,局部振动的频率范围主要在 20~100 Hz。上述的划分是相对的,在一定频率范围(如100 Hz以下)既有局部振动作用又有全身振动作用。

1. 局部振动作业

局部振动作业主要是使用振动工具的各工种,如砂铆工、锻工、钻孔工、捣固工、研磨工及电锯、电刨的使用者等作业人员进行的作业。

2. 全身振动作业

全身振动作业主要是振动机械的操作工。如震源车的震源工、车载钻机的操作工;钻井发电机房内的发电工及地震作业、钻前作业的拖拉机手等野外活动设备上的振动作业工人,如锻工等。

三、振动的危害

从物理学和生物学的观点看,人体是一个极复杂的系统,振动的作用不仅可以引起机械效应,更重要的是可以引起生理和心理的效应。人体接受振动后,振动波在组织内的传播,由于各组织的结构不同,传导的程度也不同,其大小顺序依次为骨、结缔组织、软骨、肌肉、腺组织和脑组织,40 Hz以上的振动波易为组织吸收,不易向远处传播;而低频振动波在人体内传播得较远。全身振动和局部振动对人体的危害及其临床表现是明显不同的。

1. 全身振动对人体的不良影响

振动所产生的能量,能过支承面作用于坐位或立位操作的人身上,引起一系列病变。人体是一个弹性体,各器官都有它的固有频率,当外来振动的频率与人体某器官的固有频率一致时,会引起共振,因而对那个器官的影响也最大。全身受振的共振频率为 3 Hz~

4 Hz,在该种条件下全身受振作用最强。接触强烈的全身振动可能导致内脏器官的损伤或位移,周围神经和血管功能的改变,可造成各种类型的、组织的、生物化学的改变,导致组织营养不良,如足部疼痛、下肢疲劳、足背脉搏动减弱、皮肤温度降低;女工可发生子宫下垂、自然流产及异常分娩率增加。一般人可发生性机能下降、气体代谢增加。振动加速度还可使人出现前庭功能障碍,导致内耳调节平衡功能失调,出现脸色苍白、恶心、呕吐、出冷汗、头疼头晕、呼吸浅表、心率和血压降低等症状。晕车晕船即属全身振动性疾病。全身振动还可造成腰椎损伤等运动系统影响。

2. 局部振动对人体的不良影响

局部接触强烈振动主要是以手接触振动工具的方式为主的,由于工作状态的不同,振动可传给一侧或双侧手臂,有时可传到肩部。长期持续使用振动工具能引起末梢循环、末神经和骨关节肌肉运动系统的障碍,严重时可患局部振动病。

(1)神经系统:以上肢末梢神经的感觉和运动功能障碍为主,皮肤感觉、痛觉、触觉、温度功能下降,血压及心率不稳,脑电图有改变。

(2)心血管系统:可引起周围毛细血管形态及张力改变,上肢大血管紧张度升高,心率过缓,心电图有改变。

(3)肌肉系统:握力下降,肌肉萎缩、疼痛等。

(4)骨组织:引起骨和关节改变,出现骨质增生、骨质疏松等。

(5)听觉器官:低频率段听力下降,如与噪声结合,则可加重对听觉器官的损害。

(6)其他:可引起食欲不振、胃痛、性机能低下、妇女流产等。

3. 振动病

我国已将振动病列为法定职业病。振动病一般是对局部病而言,也称职业性雷诺现象、振动性血管神经病、气锤病和振动性白指病等。

振动病主要是由于局部肢体(主要是手)长期接触强烈振动而引起的。长期受低频、大振幅的振动时,由于振动加速度的作用,可使植物神经功能紊乱,引起皮肤分析器与外周血管循环机能改变,久而久之,可出现一系列病理改变。早期可出现肢端感觉异常、振动感觉减退。主诉手部症状为手麻、手疼、手胀、手凉、手掌多汗、手疼多在夜间发生;其次为手僵、手颤、手无力(多在工作后发生),手指遇冷即出现缺血发白,严重时血管痉挛明显。X 片可见骨及关节改变。如果下肢接触振动,以上症状出现在下肢。

四、振动的防护措施

(1)改革工艺设备和方法,以达到减振的目的,从生产工艺上控制或消除振动源是振动控制的最根本措施。

(2)采取自动化、半自动化控制装置,减少接振。

(3)改进振动设备与工具,降低振动强度,或减少手持振动工具的重量,以减轻肌肉负荷和静力紧张等。

(4)改革风动工具,改变排风口方向,工具固定。

(5)改革工作制度,专人专机,及时保养和维修。

(6)在地板及设备地基采取隔振措施(橡胶减振动层、软木减振动垫层、玻璃纤维毡减振垫层、复合式隔振装置)。

(7)合理发放个人防护用品,如戴防振手套、穿防振鞋等。振动作业工人应发放双层衬垫无指手套或衬垫泡沫塑料的无指手套,以减振保暖。

(8)控制车间及作业地点温度,保持在 16℃以上。

(9)建立合理劳动制度,坚持工间休息及定期轮换工作制度,以利各器官系统功能的恢复。

(10)加强技术训练,减少作业中的静力作业成分。

(11)保健措施:坚持就业前体检,凡患有就业禁忌症者,不能从事该项作业;定期对工作人员进行体检,尽早发现受振动损伤的作业人员,采取适当预防措施及时治疗振动病患者。

第七节　高温作业的危害及其防护措施

一、高温作业的概念

在高气温或同时存在高湿度或热辐射的不良气象条件下进行的生产劳动,统称为高温作业。

二、常见的高温作业

高温作业按其气象条件的特点分为以下三种类型:

1. 高温强辐射作业

常见作业场所有炼焦、炼铁、炼钢、轧钢等车间,在这类作业环境中,同时存在着两种不同性质的热,即对流热(被加热了的空气)和辐射热(热源及二次热源)。对流热作用于体表,通过血液循环使全身加热。辐射热除作用于体表外,还作用于深部组织,加热作用更快更强。人在此环境下劳动,大量出汗,且易于蒸发散热。如通风不良,则汗液难以蒸发,就可能因蒸发散热困难而发生蓄热和过热。

2. 高温高湿作业

气象特点是气温、气湿均高,而热辐射强度不大。人在此环境下劳动,即使气温尚不很高,但由于蒸发散热困难,大量出汗而不能发挥有效的散热作用,故易导致体内热蓄积或水、电解质平衡失调,从而可发生中暑。

3. 夏季露天作业

露天作业中的热辐射强度虽较高温车间为低,但其作用的持续时间较长,且头颅常受阳光直接照射,加之中午前后气温较高,此时如劳动强度过大,则人体极易因过度蓄热而中暑。

三、高温的危害

(一)对生理功能的危害

高温可使作业人员赶到热、头晕、心慌、烦、渴、无力、疲倦等不适感,可出现一系列生理功能的改变,主要表现在:

(1)体温调节障碍,由于体内蓄热,体温升高。

(2)大量水盐丧失,可引起水盐代谢平衡紊乱,导致体内酸碱平衡和渗透压失调。

(3)心律脉搏加快,皮肤血管扩张及血管紧张度增加,加重心脏负担,血压下降,但重体力劳动时,血压也可能增加。

(4)消化道贫血,唾液、胃液分泌减少,胃酸酸度降低,淀粉活性下降,胃肠蠕动减慢,造成消化不良和其他胃肠道疾病增加。

(5)高温条件下若水盐供应不足可使尿浓缩,增加肾脏负担,有时可见到肾功能不全,尿中出现蛋白、红细胞等。

(6)神经系统可出现中枢神经系统抑制,出现注意力和肌肉的工作能力、动作的准确性和协调性及反应速度的降低等。

(二)中暑性疾病

中暑是高温条件下发生的急性职业病。环境温度过高、湿度过大、风速小、劳动强度过大、劳动时间过长时中暑的主要致病因素。过度劳累、睡眠不足、体弱、肥胖、尚未产生热适应等都易诱发中暑。一般根据发病机制和临床表现的不同,将中暑分为热射病、热痉挛、热衰竭三种类型。

1. 热射病

热射病由于体内产热和受热超过散热,引起体内蓄热,导致体温调节功能发生障碍。是中暑最严重的一种,病情危重,死亡率高。典型症状为:急骤高热,肛温常在 41℃以上,皮肤干燥,热而无汗,有不同程度的意识障碍,重症患者可有肝肾功能异常等。

2. 热痉挛

热痉挛是由于水和电解质的平衡失调所致。临床表现特征为:明显的肌痉挛使有收缩痛,痉挛呈对称性,轻者不影响工作,重者痉挛甚剧,患者神志清醒,体温正常。

3. 热衰竭

热衰竭是热引起外周血管扩张和大量失水造成循环血量减少,颅内供血不足而导致发病。主要临床表现为:先有头昏、头痛、心悸、恶心、呕吐、出汗,继而昏厥,血压短暂下降,一般不引起循环衰竭,体温多不高。

四、高温的防护措施

(一)改善工作条件

改善工作条件,配备防护设施、设备。主要是合理设计工艺过程,改进生产设备和操作方法。

1. 采取隔热措施

(1)水隔热:常用的方法有水箱或循环水炉门,瀑布水幕等。

(2)使用隔热材料:常用的材料有石棉、炉渣、草灰、泡沫砖等。在缺乏水源的工厂及中小型企业,以采取此方法为最佳。

2. 通风降温措施

(1)采用自然通风:如天窗、开敞式厂房,还可以在屋顶上装风帽。

(2)机械式通风:如风扇、岗位送风。

(3)安装空调设备。

（二）加强个人防护

个人防护用品：应采用结实、耐热，透气性好的织物制作工作服，并根据不同作业的需求，供给工作帽、防护眼镜、面罩等。如高炉作业工种，须佩带隔热面罩和穿着隔热，通风性能良好的防热服。

（三）加强卫生保健和健康监护

（1）从预防的角度，要做好高温作业人员的就业前和入暑前体检，凡有心血管疾病，中枢神经系统疾病，消化系统疾病等高温禁忌症者，一般不宜从事高温作业，应给予适当的防治处理。

（2）供给防暑降温清凉饮料、降温品和补充营养：要选用盐汽水、绿豆汤、豆浆、酸梅汤等作为高温饮料，饮水方式以少量多次为宜。可准备毛巾、风油精、藿香正气水以及仁丹等防暑降温用品。此外，要制订合理的膳食制度，膳食中要补充蛋白质和热量，维生素 A、B1、B2、C 和钙。

（四）制订合理的劳动休息制度

根据生产特点和具体条件，在保证工作质量的同时，适当调整夏季高温作业劳动和休息制度，增加休息和减轻劳动强度，减少高温时段作业。如：实行小换班，增加工间休息次数，延长午休时间，适当提早上午工作时间和推迟下午工作时间，尽量避开高温时段进行室外高温作业等。对家远的工人，可安排在厂区临时宿舍休息等。

第五章 现场紧急救护与紧急处置基本知识

第一节 现场紧急救护的基本方法

一、现场紧急救护的处理原则

现场急救总的任务是采取及时有效的急救措施，最大限度地减少伤员的痛苦，降低致残率，减少死亡率，为医院抢救打好基础，经过现场急救能存活的伤员优先抢救，这是总的原则。在现场，还必须遵守以下原则。

(1)遇到伤害事故发生时，不要惊慌失措，要保持镇静，并设法维持好现场秩序。

(2)在周围环境不危及生命的条件下，一般不要随便搬动伤员。

(3)暂不要给伤员和任何饮料和进食。

(4)如发生意外而现场无人时，应向周围大声呼救，请求来人帮助或设法联系有关部门，不要单独留下伤员而无人照管。

(5)遇到严重事故、灾害或中毒时，除急救呼叫外，还应立即向当地政府有关部门报告。

(6)伤员较多时，根据伤情对伤员分类抢救，处理的原则是先重后轻、先急后缓、先近后远。

(7)对呼吸困难、窒息和心跳停止的伤员,立即将伤员头部置于后仰位,托起下颌,使呼吸道畅通,同时施行人工呼吸、胸外心脏按压等复苏操作,原地抢救。

(8)对伤情稳定、估计转运途中不会加重伤情的伤员,迅速组织人力,利用各种交通工具分部转运到附近的医疗机构急救。

(9)现场急救的一切行动必须服从有关领导的统一指挥,不可各自为政。

二、现场紧急救护的首要步骤

在意外伤害的事故现场,作为参与救护的人员不要被当时混乱的场面和危急的情况所干扰。沉着镇静地观察伤者的病情,在短时间内作出伤情判断,本着先抢救生命后减少伤残的急救原则首先对伤者的生命体征进行观察判断,它包括神志,呼吸,脉搏,心跳,瞳孔,血压,但在急救现场一般无条件测量。然后再检查局部有无创伤,出血,骨折畸形等变化。其具体检查顺序如下:

1. 神志

神志是否清醒是指伤员对外界的刺激是否有反应。如伤员对问话,推动等外界刺激毫无反应称为神志不清或消失,预示着病情严重。如伤员神志清醒应尽量记下伤员的姓名,住址,受伤时间和经过等情况。

2. 呼吸

正常呼吸运动是通过神经中枢调节规律的运动。正常人每分钟呼吸 15～20 次。观察病人胸口的起伏,可了解有无呼吸。症情危重时出现鼻翼翕动,口唇紫绀,张口呼吸困难的表现,并有呼吸频率、深度、节律的异常,甚至时有时无。此时可用一薄纸片或棉花丝放在鼻孔前,观察其是否随呼吸来回摆动判断呼吸是否停止,并根据具体情况判断呼吸停止的主要原因。

3.脉搏

动脉血管随着心脏节律性的收缩和舒张引起血管壁相应地出现扩张和回缩的搏动。手腕部的桡动脉,颈部的颈动脉,大腿根部的股动脉是最容易触摸到脉搏跳动的地方。正常成年人心率为 60～100 次/分,大多数为 60～80 次/分,女性稍快。一般以手指触摸脉搏即可知道心跳次数。对于危重病人无法摸清脉搏时,可将耳紧贴伤员左胸壁听心跳。

4.心跳

是指心脏节律性的收缩和舒张引起的跳动。心脏跳动是生命存在的主要征象。将耳紧贴伤员左胸壁可听到心跳。当有危及生命的情况发生时,心跳将发生显著变化,无法听清甚至停止。此时应立即对伤员进行心肺复苏抢救。

5.瞳孔

正常人两眼的瞳孔等大等圆,在光照下迅速缩小。对于有颅脑损伤或病情危重的伤员,两侧瞳孔可呈现一大一小或散大的状态,并对光线刺激无反应或反应迟钝。经过上述检查后,基本可判断伤员是否有生命危险,如有危险则立即进行心、脑、肺的复苏抢救。如无危险则对伤员进行包扎、止血、固定等治疗。

三、现场紧急救护的基本方法

1.心肺复苏术

心肺复苏术指救护者在现场及时对呼吸、心跳骤停者,实施人工胸外心脏按压和人工呼吸的急救技术,建立含氧的血液循环,维持基础生命所需。

在病人发病现场等待急救人员的到来,有一段空白时间,一般认为至少 4 min,可视为生命的"黄金时间"。心跳、呼吸骤停的急救,简称心肺复苏,通常采用口对口人工呼吸方法和人工胸外心脏按压。

(1)口对口人工呼吸：是仅当病人没有呼吸体征时才采取的急救措施。因为救助者吹进病人肺内的气体中，含有足够的氧气可暂供应病人的需要。

①查看病人有无呼吸活动。将你的左手掌平放在病人的胸口上，以触知其呼吸运动。同时俯身将你的脸贴近病人的口聆听并感知患者的呼吸情况，仅当呼吸停止时，进行下一步操作。

②若无呼吸，则将其头稍向后仰，以使气道保持通畅。将你的一只手置于病人颈后，另一只手放在他的前额上，使其头稍向后仰，以确保气道通畅。

③消除病人口腔内的任何阻塞物，并查看有无其他问题。仔细观看和寻找自口腔直至咽喉，有无食物、假牙等阻塞物或化学品；并随即用手指循腔壁清除其间任何阻塞物。

④紧捏鼻孔，并使口张开。将放在前额的手移到病人的鼻上，用拇指和食指捏紧鼻孔，同时将另一只手移放于病人下颌向下施力，将其口张开。

⑤口对口严密封住病人的嘴。把你的嘴含盖住病人的嘴，务求严密不漏气。若条件许可，亦可使用塑料面罩或气管插管进行加压人工呼吸。

⑥对准病人的口将呼气吹进病人肺内，并确保其胸廓隆起。呼气并同时观察病人的胸廓有无扩张隆起。若未见病人胸廓隆起，则应加强口对口的密闭度再重复进行一次。

⑦连续进行5次吹气，每次查看呼吸运动情况。每次吹气毕让病人的胸廓回缩自然排出气体。重复上述第4—7步4次，并反复查看病人呼吸体征，如果仍无呼吸，则再施行5次口对口人工呼吸。

(2)人工胸外心脏按压即体外心脏按压，在专业指导者的实际操作示范下很容易学会。按压胸骨既可推动血液在动脉和静脉内的循环，亦可刺激心脏重新搏动。但心脏按压术不宜施行于意识清醒，或仍有呼吸、心跳或脉搏诸体征的病人。

①触摸颈前有无颈动脉脉搏,若无搏动,则逐项顺次行。

②确定心脏的位置,在肋架和胸骨下段的下面。

③由受过培训的急救员施行心前区叩击。

④复查有无颈动脉搏动。

⑤若仍无搏动,则把一只手的掌根放在正对心脏的胸骨下段。

⑥把另一手重叠交叉放在该手背上面,并将手指连锁住。

⑦用手掌跟下压胸骨,使胸骨至少下陷 5 cm,迫使心脏输出血液。

⑧按压 30 次后立即开放气道,进行口对口人工呼吸。人工呼吸与胸外按压比例为 2:30。

单纯进行胸外心脏按压时,每分钟频率至少为 100 次。有条件要及早实施体外除颤。

2. 手指压迫止血法(指压法)

指压止血法只适用于头面颈部及四肢的动脉出血,但时间不宜过长。

(1)头顶部出血:在受伤一侧的耳前,对准下颌耳屏(就是耳廓前面的瓣状突起,俗称"小耳朵")上前方 1.5 cm 处,用拇指压迫颞浅动脉(在太阳穴附近)。

(2)上臂出血:一手抬高伤员患肢,另一手四个手指对准上臂中段内侧压迫肱动脉(即常规测血压的地方)。

(3)手掌出血:将上肢抬高,用两手拇指分别压迫患者手腕部的尺、桡动脉(即平时搭脉搏的地方)。

(4)大腿出血:在腹股沟中稍下方,用双手拇指向后用力压迫股动脉。

(5)足部出血:用两手拇指分别压迫足背动脉和内踝与跟腱之间的胫后动脉。

3. 三角巾包扎法

用三角巾等简便器材进行包扎,可以减少感染,为进一步抢救伤员创造条件。用1m见方的布对角剪开即可做成三角巾。

三角巾包扎的基本要领是:角要拉得紧,结要打得牢,包扎要贴实,松紧要适宜。

(1)头部包扎:将三角巾底边向外上翻两指宽,盖住头部,在眉上、耳上,把两底角和顶角在脑后交叉,回额中央打结。

(2)单眼包扎:将三角巾折成三指宽的带形,从耳下绕向脑后至未受伤一侧,在该侧眼上方前额处反折后,转向受伤一侧的耳上打结。口诀如下:折成带形三指宽,上一下二放伤眼;下端耳下绕脑后,健侧前额来交叉,伤侧耳下把结打。

(3)下颌包扎:将三角巾折成三指宽带形,留出系带一端从颈后包住下颌部,与另一端在颊侧面交叉反折,转回颌下,伸向头顶部在两耳交叉打结固定。

(4)肩部包扎:将三角巾一底角斜放在胸前对侧腋下,顶角盖住后肩部。用顶角系带在上臂三角肌处固定,再把另一底角一翻后拉,在腋下两角打结。

(5)单胸包扎:将三角巾顶角对准衣肩缝,盖住伤部。底边上翻,用两底角围胸,在背后与顶角系带打结固定。

(6)双胸包扎:将三角巾一底角对准肩部,顶角系带回腰,在侧底边中央打结。

(7)手背部包扎:将三角巾一折为二,伤手放中间,手指对准顶角。把顶角上翻盖住手背,然后两角在手背交叉,围绕腕关节在手背上打结。

4. 开放性(复合性)骨折

开放性(或复合性)骨折时,皮肤受损,骨及软组织,暴露于空气、脏物及其他污染物之中,由此带来感染的危险及失血。首先要用消毒的或干净的敷料覆盖伤口以减少污染机会。请求医疗急救,安慰伤者使其保持安静。

(1)用消毒或干净的垫子覆盖伤口,轻轻包扎。避免直接压迫伤口止血,请求医疗急救。用大垫子覆盖伤处。消毒的敷料或干净的毛巾等尽可能干净之物均可。将伤口轻轻包扎,避免直接压迫。尽快寻求急救治疗。

(2)于双腿间置一长垫,用未伤腿作为夹板。将所有碎骨片包于一干净布中,用于骨片移植。于双腿间置一垫子,诸如枕头、坐垫、卷起的毯子或衣服等均可。用未受伤腿作为夹板并放于伤腿旁边。

(3)避开伤处,固定双腿。通过脚后跟上方的凹陷处用绷带、皮带、头巾或类似物固定双踝。避免腿部活动。同时增加几条固定带。

(4)等待救助时注意观察伤者情况变化,并安慰伤者。在伤处上方包扎固定,将结打在未受伤侧,不要直接在伤口固定。使伤者保暖、安静,安慰他很快将得到救助。注意观察呼吸、脉搏变化及休克征兆出现。

第二节　职业或有毒气体中毒急救

一、概述

冶金企业整个工作流程中,要用到大量煤气,而煤气是混合物,主要有一氧化碳、氢气、甲烷三种成分构成,一氧化碳毒性体现在煤气的毒性上,它是造成冶金工人有毒气体中毒的主要原因。

二、应急处置的基本原则

(1)尽快切断煤气泄漏源,减小煤气泄漏量。
(2)对中毒人员就地实施抢救,最大限度减小事故伤害程度。

(3)救援人员必须采取相应防护措施后才能进入事故现场实施救援,防止自身受到伤害。

(4)事故现场杜绝任何火源。

三、现场急救

(1)抢险人员应在危险区附近的安全区域(上风口侧)迅速备好苏生器,做好对中毒人员进行输氧急救的准备工作。

(2)抢险人员应正确判断中毒人员的中毒程度,分轻、中、重度中毒不同情况对中毒者实施抢救。

仅有头痛、恶心、呕吐症状的轻微中毒人员可自行或在他人帮助下到空气新鲜处,喝热浓茶,促进血液循环。或在他人护送下到煤气防护站或医院吸氧,消除症状。

抢救有自主呼吸的中毒人员时,将苏生器呼吸阀与导气管、面罩、气囊接好,打开气路,用配气阀调整所用量,调整氧气含量为100%刻度,将面罩扣在面部上,用头带固定好,当患者基本恢复正常后,调整氧气含量为80%刻度,判定无需吸氧时,取下面罩,但不能过早终止输氧,防止往复昏厥。

抢救无自主呼吸患者时,对牙齿紧闭中毒者用开口器将牙启开,用夹舌钳拉出舌头,插入口咽导管,压住舌头,松开开口器,使前牙齿咬住口咽导管金属环,使用苏生器进行强制氧气输入,活肺器的动作次数应调制在 12～16 次/min。当活肺器动作过快时,立即启用引射器清理口腔异物,达到动作正常。当动作慢时,立即将面具与脸部处理严密,达到正常动作的次数。抢救无自主呼吸人员要进行必要的人工呼吸同时配备苏生器进行抢救。

对于心脏停止跳动者应采取心脏复苏的方法进行抢救。

(3)医护人员到达现场后,救援队员应按照医生要求,配合抢救工作。中毒窒息者应尽快送往有高压氧舱的医院继续抢救治疗,送往医院途中要持续输氧。

四、抢救人员注意事项

救援队员进入险区前,对自己所用的仪器要进行自检、互检,佩戴好呼吸器和一氧化碳报警器,确认无误后,方可进入险区。

第三节　触电事故现场急救

一、概述

电是我们工作、生活中不可缺少的能源,冶金企业使用的各种电气设备都离不开电能,由此引发的触电事故也非常多。当一定电流或电能量通过人体引起损伤、功能性障碍甚至死亡,称为触电。

电对人体的伤害可概况为电流本身及电能转换为热和光效应所造成的伤害。触电对人致命的伤害是引起心室纤维性颤动,心跳骤停,因此心脏除颤、心肺复苏是否及时有效是抢救成功与否的关键。

二、判断要点

人员遭电击后,表现为三种状态。

(1)当通过人体的电流小于摆脱电流时,伤员神志清醒,能自己摆脱电源,但感到乏力、头晕、胸闷、心悸、出冷汗。

(2)当通过人体的电流增大时,触电伤员会出现神志昏迷,但呼吸、心跳尚存在。

(3)当通过人体的电流强度接近或达到致命电流时,触电伤员会出现神经麻痹、血压降低、呼吸中断、心脏停止跳动等症状,外表呈现昏迷状态,同时面色苍白,口唇紫绀,瞳孔扩大,肌肉痉挛,呈全身性电休克所致的假死状态(注:这样的伤员必须立即在现场进行心肺复苏抢救。)

三、现场急救

触电事故发生后,不可惊慌失措,必须不失时机地进行抢救,尽可能减少伤亡。其急救要点为:动作迅速、方法正确。发现有人触电,首先要使触电者尽快脱离电源,然后根据具体情况,进行相应的救治。

1. 迅速切断电源

(1)如开关箱在附近,可立即拉下闸刀或拔掉插头,断开电源。

(2)如距离闸刀较远,应迅速用绝缘良好的电工钳或有干燥木柄的利器(刀、斧、锹等)砍断电线,或用干燥的木棒、竹竿、硬塑料管等物迅速将电线拨离触电者。

(3)若现场无任何合适的绝缘物(如橡胶、尼龙、木头等),救护人员亦可用几层干燥的衣服将手包裹好,站在干燥的木板上,拉触电者的衣服,使其脱离电源。

(4)对高压触电,应立即通知有关部门停电,或迅速拉下开关,或由有经验的人采取特殊措施切断电源。

2. 现场及时救治

触电者脱落电源后,应根据触电者的具体情况,迅速地对症救治:

(1)对触电后神志清醒者,要有专人照顾、观察,情况稳定后,方可正常活动;对轻度昏迷或呼吸微弱者,可针刺或掐人中、十宣、涌泉等穴位,并送医院救治,并且暂时不要站立或走动,防止继发休克或心衰。

(2)对触电后无呼吸但心脏有跳动者,应立即采用口对口人工呼吸;对有呼吸但心脏停止跳动者,则应立刻进行胸外心脏按压法进行抢救。抢救时,应让触电者安静的平卧,解开其紧身衣服以利于呼吸,保持空气畅通。严密观察,速请医生治疗或送往医院。

(3)如触电者心跳和呼吸都已停止,则须同时采取人工呼吸和俯卧压背法、仰卧压胸法、心脏按压法等措施交替进行抢救,并速请医生治疗或送往医院。在送往医院的途中,不能中止抢救。

(4)若触电者同时发生外伤,应根据情况酌情处理。对于不危及生命的轻度外伤,可以在触电急救后处理;对于严重的外伤,在实施急救的同时进行处理,如伤口出血,应予以止血,进行包扎,以防感染。

四、急救时注意事项

(1)救护者一定要判明情况,做好自身防护。切不可直接用手、其他金属或潮湿的物件作为救护工具,而必须使用干燥绝缘的工具。救护者最好只用一只手操作,以防自己触电。

(2)在触电人脱离电源的同时,要防止二次摔伤事故。

(3)如果是夜间抢救,要及时解决临时照明,以避免延误抢救时机。

(4)人在触电后,有时会有较长时间的"假死",因此,救护者应耐心进行抢救,绝不要轻易中止,切不可给触电者打强心针。

第四节　灼(烫)伤现场急救

一、概述

灼(烫)伤不仅造成皮肤的毁损,而且会引起严重的全身性反应,尤其是大面积的灼(烫)伤,全身反应甚为剧烈,可出现各系统、器官代谢紊乱,功能失调。

灼(烫)伤的现场急救,不仅仅是为了挽救伤员生命,还有尽可能减轻或避免畸形,恢复功能和劳动功能,满足伤员生理、心理、社会的需要。

二、判断要点

为了更好地将病人及时有效地推荐给不同专业领域的烧伤中心,美国烧伤协会(the American Burn Association)发展了一套区分系统帮助医生在第一时间进行更快的决策和判断。在这个系统下,烧伤按程度分成重度、中度和轻度。这是根据一系列的事实要素来衡量的,如烧伤的体表总面积(TBSA),是否伤及要害的解剖学区域,病人年龄和连带伤害等等。

1. 重度烧伤

(1)10 岁到 50 岁的人群:浅二度以上烧伤占体表总面积大于 25%。

(2)年龄小于 10 岁大于 50 岁的人群:浅二度以上烧伤占体表总面积大于 20%。

(3)任何涉及手部、面部、脚部或会阴部位的烧伤。

(4)烧伤覆盖主要的关节部位。

(5)围绕四肢任意部位一圈的烧伤。

(6)任何伤到呼吸道的烧伤。

(7)电烧伤。

(8)烧伤伴有骨折或其他外伤叠加的复合伤。

(9)容易引起并发症的高危人群发生烧伤。

以上类型的烧伤需要将病人尽快送到专业的烧伤科。

2. 中度烧伤

(1)10 岁到 50 岁的人群:浅二度以上烧伤占体表总面积在 15% 到 25% 之间。

(2)年龄小于 10 岁大于 50 岁的人群:浅二度以上烧伤占体表总面积在 10% 到 20% 之间。

以上类型的烧伤病人需要立即就医进行烧伤诊治。

3.轻度烧伤

(1)10岁到50岁的人群:浅二度以上烧伤占体表总面积小于15%。

(2)年龄小于10岁大于50岁的人群:浅二度以上烧伤占体表总面积小于10%。

以上类型的烧伤病人需要立即就医。

三、现场急救

灼(烫)伤事故常见于冶金企业日常工作中,如能及时采取救助手段,可有效减缓伤害的程度。

(1)灼(烫)伤后,应首先冷却伤处,在第一时间用清水冲洗伤口10分钟以上。如灼(烫)伤较轻无伤口,可用烫伤药膏或牙膏涂在患处。

(2)对灼(烫)伤者,在隔断热源后,应尽量使其呼吸畅通,然后小心除去伤者创面及周围的衣物。对粘在创面的衣物,应先用冷水降温后,再慢慢除去。

(3)当遇到严重灼(烫)伤病人时,不可使用烫伤药膏或其他油剂,不可刺穿水疱,应用清洁的布料遮盖伤处,立即送往医院就医。

(4)即使是轻度灼(烫)伤,在自行处理后,也应去医院就诊。

(5)被化学品灼伤的创面上不要任意涂上油膏或红药水、紫药水,不要用脏布包裹。应及时送医院就医。

四、预防措施

(1)高温作业岗位人员应严格执行安全技术操作规程,远离危险区域。

(2)正确穿戴个体防护用品,提高从业人员的自我保护意识。

(3)加强对腐蚀性危险化学品等容器的日常检查,及时淘汰不合格的贮存装置。

(4)带电作业时必须采取保证安全的技术措施,如穿戴好绝缘服和防护面罩等。

(5)强化高温危险源的辨识工作,制定可靠的作业指导书,提高从业人员面对突发事件的应急处置能力。

第五节　中暑现场急救

一、概念

中暑是指在高温环境下,体内积蓄过多的热量或体温调节中枢功能紊乱,导致人体水、电解质代谢紊乱及神经系统功能受到危害的一种急症。

二、高危因素

工作场所高温,尤其是大于 34℃ 时,工人则有可能发生中暑。若同时存在高湿、强热辐射,且通风不良时,则更易发生中暑。

另外,若作业场所温度较高,同时工人劳动强度过大、劳动时间过长、缺乏工间休息导致工人过度疲劳或存在睡眠不足时,都有中暑的可能。对有出汗功能障碍,如先天性汗腺缺乏、汗腺损伤、皮肤广泛受损以及使用镇静药的工人,则更容易中暑。体质不良的工人,如原本患有各种慢性疾病、营养不良、年老体弱者则容易发生中暑。

三、判断要点

1. 先兆中暑

患者在高温作业场所劳动一段时间后,出现头晕、头痛、口渴、多汗、全身疲乏、心悸、注意力不集中、动作不协调等症状,体温正常或略有升高。

2. 轻症中暑

除中暑先兆的症状加重外，出现面色潮红、大量出汗、脉搏快速等表现，体温升高至 38.5℃ 以上。

3. 重症中暑

重症中暑可根据原因和症状特点分为以下四种类型：

（1）中暑衰竭

此类型最为常见，患者先有头晕、头痛、心慌、恶心，继有口渴、呕吐、皮肤湿冷、血压下降。可有晕厥或神志模糊，并有手足抽搐。此时的体温正常或稍微偏高。常常发生于老年人及一时未能适应高温的人。

（2）中暑痉挛

患者常先有大量出汗，有血钠和氯化物降低，然后四肢肌肉（多见小腿肌肉）、腹壁肌肉发生阵发性的痉挛和疼痛。体温可在正常范围内。常发生在高温环境中强体力劳动后，多见于青壮年。

（3）中暑高热

亦称热射病。患者在高温环境中从事体力劳动的时间较长，身体产热过多，而散热不足，导致体温急剧升高。典型临床表现为高热（41℃以上）、无汗和意识障碍。发病早期有大量冷汗，继而无汗、呼吸浅快、脉搏细速、躁动不安、神志模糊、血压下降，逐渐向昏迷伴四肢抽搐发展；严重者可产生脑水肿、肺水肿、心力衰竭等。

（4）日射病

这类中暑的原因正像它的名字一样，是因为直接在烈日的曝晒下，强烈的日光穿透头部皮肤及颅骨引起脑细胞受损，进而造成脑组织的充血、水肿；由于受到伤害的主要是头部，所以，最开始出现的不适就是剧烈头痛、恶心呕吐、烦躁不安，继而可出现昏迷及抽搐。

以上四种类型的重症中暑的主要发病机制和临床表现虽有所不

同,但在临床上可有两种或三种同时共存,不能截然区别。

四、现场急救

1. 降温

首先应将中暑者迅速脱离高温环境,移至阴凉通风处休息,松解衣扣,使其平卧,头部抬高;可采用冷水毛巾敷其头部,电风扇吹风散热,但不能直接对着病人吹风,防止又造成感冒;亦可采用头部冷敷,在其头部、腋下、腹股沟等大血管处放置冰袋(用冰块、冰棍、冰激凌等放入塑料袋内,封严密即可),并可用冷水或30%酒精擦浴直到皮肤发红。

2. 补充水分和无机盐类

如果中暑者神志清醒,并无恶心、呕吐,可饮用含盐的清凉饮料、茶水、绿豆汤等,以起到既降温、又补充血容量的作用。

3. 送医院

对于病情危重或经适当处理无好转者,应在继续抢救的同时立即送医院。

五、预防措施

1. 良好的工作环境

企业可采取改革生产工艺过程及操作方法,防止工人与热源接触,可采用一些隔热措施,如采用隔热材料、水箱或循环水门以及空气夹层墙等;并加强通风降温措施,采用自然通风或机械通风;或在隔热密闭的基础上安装空调设备等。

2. 充足的休息时间

企业应制定合理的劳动休息制度,根据生产特点及具体条件,适当调整夏季高温作业劳动和休息制度,保证高温作业工人夏季有充分的睡眠和休息,不过度劳累。

3. 加强个人防护

工人要提高安全意识,加强个人防护,尤其是特殊高温作业工人,可以穿戴防热服装(头罩、面罩、衣裤和鞋袜等),并佩戴特殊防护眼镜等。并注意及时补充营养及合理膳食,口服高温环境适用的饮料,少量多次饮用为宜。

4. 治疗原发病,准备抗中暑药物

积极治疗各种原发病,增加抵抗力,减少中暑诱发因素。准备清凉油、藿香正气水等药物备用。

5. 补充适量水分和无机盐类

应按出汗量合理饮水,每次饮水量控制在 $150\sim200$ mL。一般中等劳动强度和中等温度条件时每日进水量为 $3\sim4$ L,高温下劳动强度大时每日进水量需要 5 L 以上。适当补充食盐,高温作业的头几天,对食盐的需要量偏多,补充钠盐的同时也需要补充钾和镁,多选择钾、钙含量高的食物,如水果、蔬菜、豆制品、海带、蛋禽等。

第六章　冶金企业常见事故案例

第一节　冶金企业事故概述

　　冶金生产是一个从采矿、烧结、焦化、炼铁、炼钢到轧材以及包括运输、机械制造、建筑安装在内的复杂的生产系统，人、物、环境、能量、信息相互作用，产生了危险因素，危险因素和非危险因素在自控和被控的过程中相互转化，在一定的时空条件下，导致事故的发生。事故的发生又会对整个系统产生影响，有时还会导致事再次发生，甚至事故扩大和引发次生事故。

　　冶金生产过程既有冶金工艺所决定的高热能、高势能的危害，又有化工生产具有的有毒有害、易燃易爆和高温高压危险。同时，还有机具、车辆和高处坠落等伤害，特别是冶金生产中易发生的钢水、铁水喷溅爆炸、煤气中毒或燃烧、爆炸等事故，其危害程度极为严重。此外，冶金生产的主体工艺和设备对辅助系统的依赖程度很高，如突然停电等可能造成铁水、钢水在炉内凝固，煤气网管压力骤降等引发重大事故。因此，冶金企业的危险源具有危险因素复杂、相互影响大、波及范围广、伤害严重等特点，冶金企业的员工对于常见的事故要有一定的认识。

一、喷溅事故

在钢铁冶炼过程中,钢水和铁水是高温融熔液体,本身并不致喷溅或爆炸.炼钢过程主要是氧化过程,它的反应主要是钢渣之间的反应,反应速度与温度和气相压力有密切关系。碳氧反应的同时,产生大量一氧化碳气体,产生的气体能否顺利排除,与熔渣的沸腾有直接关系。熔渣的碱度适当、流动性好,促使熔池有较活跃的沸腾,达到碳的氧化反应条件。熔池内碳氧反应不均衡发展,瞬时产生大量的CO气体,很可能发生爆发性喷溅。熔渣氧化性过高,熔池温度突然冷却后又升高的情况下,也有可能发生爆发性喷溅。

二、高炉垮塌事故

发生高炉垮塌事故,铁水、炽热焦炭、高温炉渣可能导致爆炸和火灾;高炉喷吹的煤粉可能导致煤粉爆炸;高炉煤气可能导致火灾、爆炸;高炉煤气、硫化氢等有毒气体可能导致中毒等事故。

三、煤粉爆炸事故

在密闭生产设备中发生的煤粉爆炸事故可能发展成为系统爆炸,摧毁整个烟煤喷吹系统,甚至危及高炉;抛射到密闭生产设备以外的煤粉可能导致二次粉尘爆炸和次生火灾,扩大事故危害。

四、气体火灾、爆炸事故

发生煤气火灾、爆炸事故,应急救援时要注意:及时切断所有通向事故现场的能源供应,包括煤气、电源等,防止事态的进一步恶化。

五、泄漏事故

冶炼和煤化工过程中,可能发生煤气、硫化氢和氰化氢泄漏事故。

第二节　冶金企业典型事故案例及分析

一、安全隐患引发高处坠落

1. 事故经过

2009 年 1 月 4 日,马钢股份公司第一能源总厂煤气分厂第三运行作业区 20 万 m^3 煤气柜要停柜检修,上午 9 时左右,总厂设备保障部、生产安环部和煤气分厂有关人员在 20 万 m^3 煤气柜中控室召开了检修方案讨论会,制定了检修的作业方案和安全措施。检修前需要对气柜进行气体置换,置换后经气体取样检验合格,人员方可进入柜内检修。煤气分厂厂长蒋××安排分管煤气防护工作的分厂工会主席王××具体负责安排煤气柜的停气和气体置换、取样检验等工作。

会后,煤气分厂调度翟××安排江创第四机电安装公司协力人员在 20 万 m^3 煤气柜的人孔旁边用毛竹搭设临时检修平台,总共有 5 处;并将煤气取样、检验等工作的任务单下达给防护作业区作业长夏××,夏××将任务单交给三厂区防护班长董××,布置了工作任务,检查了呼吸器等安全防护用具。

11 时 30 分左右,第三运行作业区人员开始对煤气柜进行氮气置换工作,氮气置换之后,登上搭好的临时检修平台进行打开人孔等准备工作。13 时 30 分左右,王××通知董××等 3 名防护人员开始气柜检查和取样检验工作,由王××在现场监护董××进行气体取样,另两名防护人员到柜顶检查。工作任务布置后,王××还交代了要防止煤气中毒、防滑等安全注意事项。

13 时 40 分左右,在王××的监护下,董××逐一对气柜的几处取样点进行气体取样,并送到值班室进行检验,夏××在值班室查看检验情况。14 时 40 分左右,董××佩戴着氧气呼吸器,携带一氧化碳报警仪和取样球胆,第三次爬上气柜西侧的检修平台(高约 3 m),在气柜五带的人孔处进行气体取样,取样完毕后,转过身来准备要下平台。王××看到董××取样操作已结束,而且动作正常,没有煤气中毒的迹象,就转身离开,刚走了几步,突然听到背后轰地一声响,王××回头看到董××已跌落在地面的排水沟上,仰面朝天,口鼻出血,头戴的安全帽已破损。这时,旁边没有其他人员,王××立即用手机向总厂调度报告发生了事故,同时跑到现场防护点喊人过来一起将董××抬到旁边草地上进行临时急救。随后,总厂调度安排厂内救护车将董××送往市中心医院,经抢救无效,董××于当日 15 时 30 分左右死亡。经法医鉴定,董××系颅脑损伤致死。

2. 事故原因及性质

(1)直接原因

董××在完成取样后,从临时检修平台下来的过程中,由于身背 10 余千克的呼吸器,一手拿着取样球胆,支架湿滑,不慎跌落地面,头部撞到排水沟沿,是这起事故的直接原因。

(2)间接原因

①临时检修平台存在安全隐患,竹制检修平台和支架雨后湿滑,缺少有效的防滑、防坠落技术措施,人员在上下和作业过程中有滑跌的危险。

②检修前对检修设施安全性检查确认不到位,防滑安全措施未落实。

③作业现场监护工作存在缺陷,监护人员没有做到全过程安全监护。

(3)事故性质

这是一起责任事故。

3. 预防措施

(1)要认真吸取事故教训,进一步落实各级安全生产责任制,加强对检修作业过程中危险源的风险控制,制定检修方案时,要充分考虑各类危险因素的影响,制定有针对性的防范措施,举一反三,防止类似事故再次发生。

(2)要加强对各类作业现场安全管理工作落实情况的监督检查。完善作业安全设施的检查确认程序,明确工作职责;加强危险作业安全监护工作,细化监护内容,落实安全监护责任。

(3)作业区要严格执行作业前的安全设施、用具的检查确认程序;认真进行安全交底工作,加强安全交底内容的针对性;确保对作业全过程的安全监督检查。要持续深入开展作业现场安全隐患排查整改工作;加强对各类作业安全措施的检查,确保作业安全措施落实到位。

(4)结合事故案例,深入开展职工的安全教育工作,牢固树立"安全无小事"的理念,坚决杜绝麻痹思想,不断提高职工的自我防范意识。

二、钢水喷炉事故

1. 事故经过

2009年1月16日23时,胶州市青岛华冶铸钢有限公司夜班工人根据当日生产安排,开始通电熔化。17日3时40分,第1炉钢水熔化完毕,存放于3号保温炉中,接着熔化第2炉。熔化初期,在电炉底部已有部分钢水的情况下,本应根据工艺要求向炉内不断添加直径不大于250 mm的小块废钢,并用铁棍捣料作业。操作工为了达到降低劳动强度的目的,减少向炉内加料和捣料的次数,在当班车间主任李×的安排下,通过行车将未经切割加工的、不符合熔炼工艺规定要求的大块铸件冒口料(直径750 mm,高度600 mm,重量约2.5 t)吊至炉口旁,再由李×和炉前操作工纪×2人扶着吊入炉内进行熔化。因冒口截面尺寸及重量太大,熔化速度太慢,顶部结壳搭桥。李×安排行车司机从 3 号保温炉内取出约 700 kg 的钢水,由纪×配合倒入 1# 电炉内,以期用钢水化开顶部结壳。倒入钢水后,不但未能化开结壳,反而受顶部结壳的急冷很快凝固,使顶部结壳更厚,电炉继续加热,炉内钢水温度已达到 1500℃ 以上,炉内气体不断受热膨胀,电炉内剧烈发生的气体无法排出,7 时 15 分左右,发生钢水喷炉事故,因钢水喷溅灼烫造成四人死亡、一人重伤。

2. 事故原因

(1)直接原因

1# 电炉在熔炼第二炉钢水时,电炉内钢水熔化初期加入的铸件冒口料因其尺寸较大,熔化速度缓慢,顶部搭桥结壳捣不开,本应采取倾斜炉体用铁棍捣的办法解决。李×却违章指挥、违章作业,命人错误地向炉内倒入钢水。铸件冒口料顶部的钢水在炉膛内随即冷却成一体,不但未化开结壳,反而致使结壳更厚。铸件冒口料顶部存在补缩孔洞、夹杂,倒入的钢水将铸件冒口料上面的孔洞内气体、夹杂封闭住,使炉膛下部形成密闭容器。由于顶部钢水凝固结壳,铸件冒口料与炉墙成为一体不能下移,炉膛底部正在加热熔化,封闭在铸件冒口料下面的气体和夹杂燃烧产生的气体不能排出,造成高温加热过程中炉膛底部气体压力急剧增大,发生钢水喷炉。

(2)间接原因

企业的管理原因:一是安全生产主体责任不落实,基础管理薄弱,技术水平低;二是安全生产管理制度和技术规范、操作规程不完善,工人不能正确地按照操作规程作业;三是在日常劳动组织方面没有按照国家法律、法规要求开展安全生产"三级"教育,致使职工安全意识淡薄;四是操作工人文化程度偏低,安全知识匮乏,操作技能与经验明显不足,违反工艺要求开展作业,缺乏处置生产过程中突发事件的能力;五是青岛华冶铸钢有限公司未按照法律法规定办理建设项目相关手续,严重违规建设施工,安全隐患未进行彻底整改,建设项目不具备安全生产条件,未经安全验收,就开工生产,导致事故发生。

政府及相关工作部门的监管原因:一是当地人民政府安全生产监管人员配备不足,管理制度不完善,职责分工不明确。对园区内企业安全检查不严格,监管力度不够,在招商引资过程中,没有正确认识和处理安全生产和经济社会发展的关系。二是没有严格执行安全生产的有关规定,对企业存在不具备安全生产条件的安全隐患未及时督促整改,青岛华冶铸钢有限公司投入生产后,安监中队两次到该企业检查安全生产情况,发现该企业未建立安全生产责任制、规章制度,操作规程不完善,没有制定事故应急预案等方面的问题,虽重复下达了《责令改正指令书》,但没有抓好整改工作,直至事故发生企业的隐患也未能整改。三是在安全生产投入,机构建设等工作抓得不实,安全生产监督管理工作不到位,使发生事故的企业建设项目投产前就存在安全隐患,导致事故的发生。

3. 预防措施

(1)要认真抓好"治隐患、保安全"专项行动,督促各级各部门和相关责任人,明确工作任务,切实履行职责。按照安全事故"四不放过"的原则,加强企业安全生产主体责任的落实和隐患整治活动,狠抓各项法律。法规的贯彻落实,狠抓安全生产各项制度的落实。

(2)安监部门在开展工作中必须认真负责,杜绝在安全检查中发现的问题不能及时整改处理,增强各级各部门的安全意识。要开展建设项目安全设施"三同时"情况的督察工作。

(3)乡镇、街道要切实加强安全生产队伍建设,配备专职人员,开展专业培训,配备各种必需的装备和设施。

(4)要进一步完善安全生产执法委托制度。加大乡镇安监机构安全生产工作的指导和监督,增加人员配备相关的设备,建立健全安全隐患上报制度,明确各级部门的职责,确保发现的安全隐患能及时上报并能得到彻底整改。

(5)切实落实企业安全生产主体责任,增强排查安全隐患的意识。加强安全生产的三级教育,强化现场的安全管理和定置管理,杜绝违章指挥和违章作业。加强关键工序工人的安全操作考核,注重安全培训的实效性,提高工人的安全操作技能。督促企业实施安全生产标准化工作,提高企业基础管理水平,鼓励企业开展 ISO 14000体系认证和安全评估工作。

(6)加强铸造行业管理。制定行业技术标准,规范并监督行业的安全作业行为,加强新建企业规划管理和老企业技术改造项目的审查。

三、违章作业引发的伤亡事故

1. 事故经过

2009 年 2 月 14 日 8 时 30 分左右,马钢(集团)控股有限公司桃冲矿业公司选矿车间王××(工段长)、刘××(班长)、王×(钳工)和张××(农用车驾驶员)四人到贮矿槽 113♯漏斗处清理料仓。工段长王××在料仓口平台监护,钳工王××操作放矿闸门,刘××在旁边监护。第一车顺利放满矿渣,拉走。8 时 10 分左右,放第二车时,料仓棚倒了。刘××对王××说:"我到上面(料仓口平台)看看什么情况,你不要进去。"刘从操作平台下来后,对坐在车内的张××说:"我上去看看,你注意一下。"刘××上去约 3~4 分钟,车内的张××听到"轰"的一声,同时有一些料掉下来了落在农用车上,于是打开车门,但没看到王××,就喊:"老王不在了,看不见了,不知道到哪去了。"刘××在料仓口平台处听到喊声,就说:"赶紧打电话向车间汇报。"张××给车间调度电话报告了情况。接到电话,当班调度黄××立即向车间领导报告,然后与刘××急忙到贮矿仓料仓下铁道上,同时赶到的还有车间主任××、书记王××、电工班长陈×、细碎工段长郜××等。根据以往的经验,怀疑王×在料仓内,车间一边组织现场人员放料救人,一边向矿领导报告。郜××、陈×等人用竹竿、耙子在闸门口向下扒料,约 8 时 25 分,发现手套,随后,人随渣一起滑出来了。农用车立即将王××送到矿职工医院,经抢救无效,王×

×于当日 9 时 30 分左右死亡。

2. 事故原因及性质

(1)直接原因

王××违规进入料仓,仓渣突然坍塌致王××窒息,是这起事故的直接原因。

(2)间接原因

①作业人员未严格执行操作规程。

②作业过程中安全管理不到位,作业现场的安全监护不力,存在违章作业现象。

③作业人员的安全防范意识不够,存在侥幸心理。

④作业现场主要负责人未严格履行安全生产职责。

(3)事故性质

这是一起责任事故。

3. 预防措施

(1)公司应认真吸取事故教训,举一反三,认真落实安全生产责任制和各项安全生产规章制度,确保生产安全。

(2)进一步加强对从业人员的安全教育、培训,切实提高从业人员的安全意识和遵守安全操作规程的自觉性,提高作业人员的自我保护能力和对事故的防范意识。

(3)在今后的同类作业过程中,要加强对施工现场的安全监管。作业人员要严格遵守作业规程,监护人员不得以任何理由离岗,确保作业场所的安全监护措施落实到位。

(4)开展一次以反"三违"为重点的安全整治活动。

四、不穿戴劳动保护用品造成的安全生产责任事故

1. 事故经过

2009 年 3 月 20 日 14 时 30 分,重庆东华特殊钢有限责任公司

技质部物理室试样加工组下午上班后,陈××(物理室试样加工组组长,张××的师傅)根据当天加工任务,安排张××(试样工)操作CA6140普通车床,加工两个拉力试样。

张××按照组长的安排,立即开动车床加工试样。完成一个拉力试样的加工后,在加工另一个拉力试样时,感觉加工的难度较大,于是请师傅陈××到车床指导,张××站在陈××右面听其讲解。约15时25分左右,陈××使用锉刀(外缠砂布)抛光试样斜坡度时,人体突然趴在车床上,张××立即关机,并报告副组长刘××,刘××立即报告物理室主任郭××,郭××立即通知120,并电话向公司领导报告。120急救车到现场后,医生发现陈××已死亡。

2. 事故的原因及性质

(1)直接原因

东华公司技质部物理室试样加工组试样工陈××,加工拉力试样时未按安全操作规程穿戴劳动保护用品,右手衣袖被旋转的拉力试样绞入,身体往前倾斜,头与旋转的车床夹头撞击,是事故发生的直接原因。

(2)间接原因

东华公司技质部对职工遵章守纪教育不够,对职工违章现象检查、督促、纠正不力是事故的间接原因。

(3)事故性质

经调查取证和原因分析,该事故是因陈××安全意识淡薄,未按规定穿戴劳动保护用品造成的安全生产责任事故。

3. 预防措施

(1)公司安全部门为吸取"3·20"事故教训,3月24日对各单位机加工现场进行了一次专项安全检查。

(2)公司准备在市安监局和集团公司联合调查组对"3·20"事故调查处理意见明确后,召开"事故现场安全警示会",组织各单位负责设备的领导、机修车间主任、机修组长参加,以血的教训进行安全警示教育。

（3）认真吸取血的教训，珍惜生命，在技质部内开展"我要安全，安全在我心中"活动，并就"3·20"工亡事故要求物理室试样加工组每位职工写一篇感想。

（4）对"3·20"工亡事故，技质部立即召开安委会，布置相关工作，在近期要求各单位加大对职工安全教育培训，提高职工自身防范意识。

（5）全公司立即组织职工学习本岗位、本工种安全操作规程和规章制度，结合东华公司近几年死亡事故教训，切实加强职工安全意识的教育和劳动纪律的管理，开展好"厂级、车间级安全学习"和"班组安全讲话"，进一步完善"安全学习"记录、台账。生产部安环科及各单位经常检查安全学习情况及相关台账记录，对未开展安全学习或无相关台账记录的单位将严格处罚。

（6）在全公司认真开展"从下自上"查找隐患的工作，查找身边的"物的不安全状态、人的不安全行为"，建立相应的管理考核制度，做到随时检查，严格考核，杜绝类似事故的发生。

五、池内氮气含量超标导致五人窒息死亡的事故

1. 事故经过

2009 年 3 月 21 日 8 时 30 分，中国第四冶金建设公司曹妃甸工程项目部闻×带领 2 名民工到京唐钢铁公司连铸车间水泵房除盐水池（长 20 m、宽 4.6 m、高 3.65 m，容积约 320 m³）进行池壁渗漏修复作业。事先业主已将水池水位降至溢流最低点（池内剩余水深约 0.5 m）。13 时 45 左右，闻×等 2 人先后下到池底（池内余水已在当天中午前排除），相继晕倒。电工张×等 2 人闻讯下池救人，也晕倒在除盐水池内。电工安×顺爬梯下到水池一半高度时，发现池内已有 4 人倒地，感觉情况异常，顺爬梯回到池上。管道安装工段长郭×带人赶至事故现场，误以为是触电导致下池人员晕倒，在断电后让管道工杨×下池救人，导致杨×缺氧窒息倒在池内。至此，除盐水池内共 5 人窒息晕倒，送医院医治无效死亡。

2. 事故原因分析及性质

(1)直接原因

有关人员在除盐水池内作业过程中,违反《缺氧危险作业安全规程》(GB 8958—88),在未经检测、不明池内环境和缺乏有效通风换气措施保障(作业人员在作业前准备了通风换气用的轴流风机,但在实际工作时没有使用)的情况下,贸然在缺氧危险场所作业,是导致本起事故的直接原因。专家组认为,事故是由稳压罐内氮气随回水管道反串到除盐水池内,造成池内氮气含量超标、严重缺氧,导致作业人员下池后窒息死亡。

(2)间接原因

中国第四冶金建设公司曹妃甸工程总项目经理部对地上有限空间缺氧危险作业危险性认识不足,事前没有制定相应的安全措施和安全预案;对公司职工安全教育培训不到位,作业人员安全知识水平匮乏,安全意识低;现场施救人员缺乏必要的救护知识,盲目施救,致使施救人员缺氧窒息,导致事故扩大;作业人员进行除盐水池防渗漏修复作业施工过程时,没有实施有效的安全监管。

而首钢京唐钢铁有限公司作为业主方,对外埠施工单位中国第四冶金建设公司曹妃甸工程总项目经理部则存在安全监管不到位的问题。

(3)事故性质

显而易见,这是一起因中国第四冶金建设公司曹妃甸工程总项目经理部现场施工作业人员对除盐水池内部环境危险性认识不足,违反《缺氧危险作业安全规程》作业,且事故发生后又盲目施救,导致多人缺氧窒息死亡的较大生产安全责任事故。

3. 预防措施

(1)要加强对员工的安全教育与抢险救援培训,提高员工安全素质,特别是要增强在危险作业时自我保护意识及自救互救能力。某些事故发生后,一些自发参与救援的非专业救援人员,不佩戴或缺乏有效保护装备,结果造成自身伤害,酿成次生事故,教训非常惨痛。因此,要重视开展对职工,特别是危险岗位作业人员的自我保护和科学救援知识的教育与培训,经常性地组织开展应急救援演练,并将此作为管理部门日常安全检查的重要内容。

(2)在危险环境下作业,要严格按照国家安全生产的有关标准、规程、规定,制定相应的安全预案和事故防范措施,加强现场监管,防止事故发生。

(3)要强化企业应急救援演练,切实增强企业应对安全生产突发事件的能力。

(4)业主单位要加强对外包施工队伍的监督管理,落实安全生产责任制,完善安全管理规章制度。

六、冒险进入危险场所造成的死亡事故

1. 事故经过

2009 年 1 月 10 日 4 时 15 分左右,首钢总公司运输部北京作业队车务作业区乙班调车员苑××(男、50 岁、调车员、本工种工龄 15 年)指挥 060♯机车冷剪南股东头分五次连挂 10 辆废钢重车。列车分布顺序为:第一个货位 3 节车辆、第二个货位 2 节车辆、第三个货位 2 节车辆、第四个货位 2 节车辆、第五个货位 1 节车辆。4 时 30 分,当连挂最后一辆废钢车时,司机孙××收到苑××发出的红灯停车信号立即停车。停车后发现机车调车台红灯停车信号长亮,同时语音不间断提示"停车、停车"的异常情况,负责瞭望的司机韩××立即到被挂车辆处查看,发现调车员苑××被倾斜变形的车辆防护栏杆挤在第九辆和第十辆废钢车之间,当即死亡。

2. 事故原因

(1)直接原因

违章进入危险区域作业,是事故发生的直接原因。调车员苑×

×在车辆未停稳的情况下进入运行中编号为 7502 的废钢车与存放在第五货位的编号为 7407 的废钢车之间的钩挡处理问题。违反了设备使用维护规程中关于《设备使用过程中的安全注意事项》第一条关于"……车体严重变形、扭曲……等情况下禁止挂车并汇报调度"的规定。同时违反了安全规程第五十条关于"车辆在移动中不准进入钩挡子，不准处理车辆故障……"的规定；在挂车作业过程中违章进入钩挡，被正在运行中的车辆损坏外探的栏杆挤压致死，是此次事故发生的直接原因。

（2）主要原因

设备损坏、作业现场存在事故隐患是事故发生的主要原因。编号为 7502 的废钢车防护栏杆损坏，严重变形，向外倾倒，探出车辆约 0.8 m，存在严重事故隐患，是此次事故发生的主要原因。

（3）间接原因

管理工作不到位是事故发生的管理原因。

①互保工作不落实，北京作业队车务作业区乙班调车员刘××在协助苑××作业过程中未认真落实互保制度，未跟乘作业起到互保作用，是此次事故发生的重要原因。

②班组安全管理中存在严重漏洞，班组隐患排查治理工作不落实，未及时发现排除废钢车防护栏杆损坏的事故隐患，对本班组职工三规一制教育、管理工作存在严重漏洞，在生产过程中，本班组职工存在严重违反三规一制的操作行为，查纠违章不利，是此次事故发生的主要管理原因。

③首钢运输部北京作业队、车务作业区在设备管理、安全管理上存在较大漏洞，车间、作业区专业人员对本厂车辆安全装置齐全、完好、有效情况检查不到位，隐患排查治理工作落实不到位，没有及时发现并消除废钢车辆存在防护栏杆损坏的事故隐患，对职工习惯性违章行为查处不利，是此次事故发生的重要管理原因。

④首钢运输部设备维检中心设备管理存在较大的漏洞，隐患排

查治理工作落实不到位,没有及时发现并消除废钢车辆存在防护栏杆损坏的事故隐患,也是此次事故发生的重要管理原因之一。

⑤首钢运输部设备管理、安全管理存在漏洞,对本厂隐患排查治理工作监督检查不到位,三规一制教育、培训、管理工作有差距,也是事故发生的管理原因。

3.预防措施

(1)立即由运输部领导组织召开分析会,认真分析查找事故发生的原因及事故教训,关于当日召开全体中层干部参加的安全紧急会,提出安全重点工作要求并立即将此次事故传达到全体岗位职工,举一反三,认真查找操作中的不安全行为,结合本单位实际制定有效的安全防范措施,杜绝此类事故的重复发生。

(2)由运输部主任召开安全隐患治理专题会议,要求各单位立即全面开展以"规范操作行为,严查违章操作,消除事故隐患,严格岗位责任追究"为主题的安全生产大检查活动,制定安全检查重点及隐患排查治理要点。运输部立即全面开展安全大检查活动,要根据一业多地的安全生产动态变化及安全形势成立工作小组,对安全大检查进行全面监督管理,要分别组织检查组,对北京地区、迁安地区及京唐等重点地区、重点环节进行检查,安全科要拟定检查重点,确保检查及时、准确、有效。一周之内集中力量对本厂车辆安全防护装置进行治理。北京作业队、维检中心、生产经营科、安全科要对本厂车辆防护装置检修进行专题研究,制定抢修计划,并立即组织普查。北京作业队要立即组织,对本厂车辆安全防护装置不符合标准的车辆(废钢车、渣罐车、翻斗车、鱼雷罐车),维检中心及时组织抢修。

(3)各单位立即组织全体职工深入开展"三规一制"大学习、大检查活动,不断组织"三规一制"的学习培训工作,健全各项安全生产规章制度,让职工真正理解规程,自觉执行,要切实强化互保联保工作,互相提醒、互相监督。

附录　冶金企业安全生产监督管理规定

国家安全生产监督管理总局令

第 26 号

《冶金企业安全生产监督管理规定》已经 2009 年 8 月 24 日国家安全生产监督管理总局局长办公会议审议通过,现予公布,自 2009 年 11 月 1 日起施行。

局长:骆琳

二〇〇九年九月八日

冶金企业安全生产监督管理规定

第一章　总则

第一条　为了加强冶金企业安全生产监督管理工作,防止和减少生产安全事故和职业危害,保障从业人员的生命安全与健康,根据安全生产法等法律、行政法规,制定本规定。

第二条　从事炼铁、炼钢、轧钢、铁合金生产作业活动和钢铁企业内与主工艺流程配套的辅助工艺环节的安全生产及其监督管理,适用本规定。

第三条　国家安全生产监督管理总局对全国冶金安全生产工作实施监督管理。

县级以上地方人民政府安全生产监督管理部门按照属地监管、分级负责的原则,对本行政区域内的冶金安全生产工作实施监督管理。

第四条　冶金企业是安全生产的责任主体,其主要负责人是本单位安全生产第一责任人,相关负责人在各自职责内对本单位安全生产工作负责。集团公司对其所属分公司、子公司、控股公司的安全生产工作负管理责任。

第二章 安全保障

第五条 冶金企业应当遵守有关安全生产法律、法规、规章和国家标准或者行业标准的规定。

焦化、氧气及相关气体制备、煤气生产(不包括回收)等危险化学品生产单位应当按照国家有关规定,取得危险化学品生产企业安全生产许可证。

第六条 冶金企业应当建立健全安全生产责任制和安全生产管理制度,完善各工种、岗位的安全技术操作规程。

第七条 冶金企业的从业人员超过 300 人的,应当设置安全生产管理机构,配备不少于从业人员 3‰比例的专职安全生产管理人员;从业人员在 300 人以下的,应当配备专职或者兼职安全生产管理人员。

第八条 冶金企业应当保证安全生产所必须的资金投入,并用于下列范围:

(一)完善、改造和维护安全防护设备设施;

(二)安全生产教育培训和配备劳动防护用品;

(三)安全评价、重大危险源监控、重大事故隐患评估和整改;

(四)职业危害防治、职业危害因素检测、监测和职业健康体检;

(五)设备设施安全性能检测检验;

(六)应急救援器材、装备的配备及应急救援演练;

(七)其他与安全生产直接相关的物品或者活动。

第九条 冶金企业主要负责人、安全生产管理人员应当接受安全生产教育和培训,具备与本单位所从事的生产经营活动相适应的安全生产知识和管理能力。特种作业人员必须按照国家有关规定经专门的安全培训考核合格,取得特种作业操作资格证书后,方可上岗作业。

冶金企业应当定期对从业人员进行安全生产教育和培训,保证从业人员具备必要的安全生产知识,了解有关的安全生产法律法规,熟悉规章制度和安全技术操作规程,掌握本岗位的安全操作技能。未经安全生产教育和培训合格的从业人员,不得上岗作业。

冶金企业应当按照有关规定对从事煤气生产、储存、输送、使用、维护检修的人员进行专门的煤气安全基本知识、煤气安全技术、煤气监测方法、煤气中毒紧急救护技术等内容的培训，并经考核合格后，方可安排其上岗作业。

第十条　冶金企业的新建、改建、扩建工程项目（以下统称建设项目）的安全设施、职业危害防护设施必须符合有关安全生产法律、法规、规章和国家标准或者行业标准的规定，并与主体工程同时设计、同时施工、同时投入生产和使用（以下统称"三同时"）。安全设施和职业危害防护设施的投资应当纳入建设项目概算。

建设单位对建设项目的安全设施"三同时"负责。

建设单位应当按照有关规定组织建设项目安全设施的设计审查和竣工验收。

第十一条　建设项目在可行性研究阶段应当委托具有相应资质的中介机构进行安全预评价。

建设项目进行初步设计时，应当选择具有相应资质的设计单位按照规定编制安全专篇。安全专篇应当包括有关安全预评价报告的内容，符合有关安全生产法律、法规、规章和国家标准或者行业标准的规定。

第十二条　建设项目安全设施应当由具有相应资质的施工单位施工。施工单位应当按照设计方案进行施工，并对安全设施的施工质量负责。

建设项目安全设施设计作重大变更的，应当经原设计单位同意，并报安全生产监督管理部门备案。

第十三条　建设项目安全设施竣工后，应当委托具有相应资质的中介机构进行安全验收评价。建设项目安全设施经验收合格后，方可投入生产和使用。

安全预评价报告、安全专篇、安全验收评价报告应当报安全生产监督管理部门备案。

第十四条　冶金企业应当对本单位存在的各类危险源进行辨识，实行分级管理。对于构成重大危险源的，应当登记建档，进行定期检测、评估和监控，并报安全生产监督管理部门备案。

第十五条　冶金企业应当按照国家有关规定，加强职业危害的防治与职业健康监护工作，采取有效措施控制职业危害，保证作业场所的职业卫生条件符合法律、行政法规和国家标准或者行业标准的规定。

计量检测用的放射源应当按照有关规定取得放射物品使用许可证。

第十六条　冶金企业应当建立隐患排查治理制度，开展安全检查；对检查中发现的事故隐患,应当及时整改;暂时不能整改完毕的,应当制定具体整改计划,并采取可靠的安全保障措施。检查及整改情况应当记录在案。

第十七条　冶金企业应当加强对施工、检修等工程项目和生产经营项目、场所(以下简称工程项目)承包单位的安全管理,不得将工程项目发包给不具备相应资质的单位。工程项目承包协议应当明确规定双方的安全生产责任和义务。安全措施费用应当纳入工程项目承包费用。

冶金企业应当全面负责工程项目的安全生产工作,承包单位应当服从统一管理,并对工程项目的现场安全管理具体负责。

工程项目不得违法转包、分包。

第十八条　冶金企业应当从合法的劳务公司录用劳务人员,并与劳务公司签订合同,对劳务人员进行统一的安全生产教育和培训。

第十九条　冶金企业应当建立健全事故应急救援体系,制定相应的事故应急预案,配备必要的应急救援装备与器材,定期开展应急宣传、教育、培训、演练,并按照规定对事故应急预案进行评审和备案。

第二十条　冶金企业应当建立安全检查与隐患整改记录、安全培训记录、事故记录、从业人员健康监护记录、危险源管理记录、安全资金投入和使用记录、安全管理台账、劳动防护用品发放台账、"三同时"审查和验收资料、有关设计资料及图纸、安全预评价报告、安全专篇、安全验收评价报告等档案管理制度,对有关安全生产的文件、报告、记录等及时归档。

第二十一条　冶金企业的会议室、活动室、休息室、更衣室等人员密集场所应当设置在安全地点,不得设置在高温液态金属的吊运影响范围内。

第二十二条　冶金企业内承受重荷载和受高温辐射、热渣喷溅、酸碱腐蚀等危害的建(构)筑物,应当按照有关规定定期进行安全鉴定。

第二十三条　冶金企业应当在煤气储罐区等可能发生煤气泄漏、聚集的场所,设置固定式煤气检测报警仪,建立预警系统,悬挂醒目的安全警示牌,并加强通风换气。

进入煤气区域作业的人员,应当携带煤气检测报警仪器;在作业前,应当检查作业场所的煤气含量,并采取可靠的安全防护措施,经检查确认煤气含量符合规定后,方可进入作业。

第二十四条　氧气系统应当采取可靠的安全措施,防止氧气燃爆事故以及氮气、氩气、珠光砂窒息事故。

第二十五条　冶金企业应当为从业人员配备与工作岗位相适应的符合国家标准或者行业标准的劳动防护用品,并监督、教育从业人员按照使用规则佩戴、使用。

从业人员在作业过程中,应当严格遵守本单位的安全生产规章制度和操作规程,服从管理,正确佩戴和使用劳动防护用品。

第二十六条　冶金企业对涉及煤气、氧气、氢气等危险化学品生产、输送、使用、储存的设施以及油库、电缆隧道(沟)等重点防火部位,应当按照有关规定采取有效、可靠的防火防爆措施。

第二十七条　冶金企业应当根据本单位的安全生产实际状况,科学、合理确定煤气柜容积,按照《工业企业煤气安全规程》(GB 6222)的规定,合理选择柜址位置,设置安全保护装置,制定煤气柜事故应急预案。

第二十八条　冶金企业应当定期对安全设备设施和安全保护装置进行检查、校验。对超过使用年限和不符合国家产业政策的设备,及时予以报废。对现有设备设施进行更新或者改造的,不得降低其安全技术性能。

第二十九条　冶金企业从事检修作业前,应当制定相应的安全技术措施及应急预案,并组织落实。对危险性较大的检修作业,其安全技术措施和应急预案应当经本单位负责安全生产管理的机构审查同意。在可能发生火灾、爆炸的区域进行动火作业,应当按照有关规定执行动火审批制度。

第三十条　冶金企业应当积极开展安全生产标准化工作,逐步提高企业的安全生产水平。

冶金企业发生生产安全事故后,应当按照有关规定及时报告安全生产监督管理部门和有关部门,并组织事故应急救援。

第三章　监督管理

第三十一条　安全生产监督管理部门及其监督检查人员应当加强对冶金企业安全生产的监督检查,对违反安全生产法律、法规、规章、国家标准或者行业标准和本规定的安全生产违法行为,依法实施行政处罚。

第三十二条　安全生产监督管理部门应当建立健全建设项目安全预评价、安全专篇、安全验收评价的备案管理制度,加强建设项目安全设施的"三同时"的监督检查。

第三十三条　安全生产监督管理部门应当加强对监督检查人员的冶金专

业知识培训,提高行政执法能力。

安全生产监督管理部门应当为进入冶金企业特定作业场所进行监督检查的人员,配备必需的个体防护用品和监测检查仪器。

第三十四条 监督检查人员执行监督检查任务时,必须出示有效的执法证件,并由2人以上共同进行;检查及处理情况应当依法记录在案。对涉及被检查单位的技术秘密和业务秘密,应当为其保密。

第三十五条 安全生产监督管理部门应当加强本行政区域内冶金企业应急预案的备案管理,并将重大冶金事故应急救援纳入地方人民政府整体应急救援体系。

第四章 罚 则

第三十六条 监督检查人员在对冶金企业进行监督检查时,滥用职权、玩忽职守、徇私舞弊的,依照有关规定给予行政处分;构成犯罪的,依法追究刑事责任。

第三十七条 冶金企业违反本规定第二十一条、第二十三条、第二十四条、第二十七条规定的,给予警告,并处1万元以上3万元以下的罚款。

第三十八条 冶金企业有下列行为之一的,责令限期改正;逾期未改正的,处2万元以下的罚款:

(一)安全预评价报告、安全专篇、安全验收评价报告未按照规定备案的;

(二)煤气生产、输送、使用、维护检修人员未经培训合格上岗作业的;

(三)未从合法的劳务公司录用劳务人员,或者未与劳务公司签订合同,或者未对劳务人员进行统一安全生产教育和培训的。

第五章 附 则

第三十九条 本规定自2009年11月1日起施行。